中国海洋卫星的热带气旋观测技术与应用

林明森 等 著

科学出版社

北京

内 容 简 介

本书介绍了中国海洋系列卫星(海洋一号、海洋二号、海洋三号)对热带气旋(台风)的观测技术、监测产品及其应用状况。主要包括海洋一号系列卫星的水色水温扫描仪对热带气旋的热红外通道亮温、紫外和可见光波段的卫星云图监测;海洋二号卫星微波散射计对热带气旋海面风场信息的提取与监测应用;海洋三号(高分三号)合成孔径雷达的高分辨率 SAR 图像对台风风场反演及其产品;同时介绍了我国海洋卫星对热带气旋的业务化监测系统及其运行。

本书适合海洋遥感行业科技工作者、海洋与大气专业高校教师和学生、海洋防灾减灾科技业务工作者参考使用。

审图号:GS 京(2023)1899 号

图书在版编目(CIP)数据

中国海洋卫星的热带气旋观测技术与应用 / 林明森等著. —北京:科学出版社,2023.11
ISBN 978-7-03-074547-7

Ⅰ.①中… Ⅱ.①林… Ⅲ.①海洋观测卫星-应用-低压(气象)-气象观测 Ⅳ.①P424.1

中国国家版本馆 CIP 数据核字(2023)第 007718 号

责任编辑:韩 鹏 崔 妍 / 责任校对:何艳萍
责任印制:肖 兴 / 封面设计:图阅盛世

科学出版社 出版
北京东黄城根北街 16 号
邮政编码:100717
http://www.sciencep.com
北京建宏印刷有限公司印刷
科学出版社发行 各地新华书店经销

*

2023 年 11 月第 一 版 开本:720×1000 1/16
2024 年 7 月第二次印刷 印张:7 1/4
字数:135 000
定价:108.00 元
(如有印装质量问题,我社负责调换)

作 者 名 单

林明森　叶小敏　张　毅　袁新哲　兰友国

前　言

我国是世界上遭受台风影响最严重的国家之一，台风严重影响台风登陆地区居民的生命财产、生活与经济发展。卫星遥感相比于传统的浮标或观测站观测，可得到台风大范围的云图、风场、位置、强度等信息。卫星遥感数据资料在台风的观测、预报和科学研究等领域均发挥了巨大作用。

自 2002 年 5 月发射第一颗海洋卫星以来，截至 2020 年底，我国已经发射了四颗海洋水色系列卫星（HY-1A、HY-1B、HY-1C 和 HY-1D）、三颗海洋动力环境卫星（HY-2A、HY-2B 和 HY-2C）、一颗国际合作海洋卫星——中法海洋卫星（CFOSAT），还发射了以海洋用户为主用户的合成孔径雷达卫星（GF-3）。目前，已初步形成了业务化海洋卫星观测网，在自然资源监测、全球气候变化研究、海洋生态监测预警、防灾减灾、气象、水利等领域和行业均具有重大应用与服务价值。我国海洋系列卫星通过多卫星、多载荷观测，可有效获得热带气旋（台风）的卫星云图、海面风场、位置和路径等信息，服务于风暴潮监测等防灾减灾预警及灾害评估，在汛期台风监测中可发挥独特的作用。

本书汇总了本书作者及其团队近年来利用我国海洋系列卫星对热带气旋监测与应用的工作成果，介绍我国海洋系列卫星的相关信息、海洋卫星微波散射计和合成孔径雷达海面风场观测技术、热带气旋监测产品及其应用现状，并汇编了部分 HY-1C/D 卫星云图、HY-2A 卫星微波散射计和 GF-3 卫星合成孔径雷达台风风场监测专题图。本书可作为我国海洋卫星数据使用人员、大气与海洋科学研究、卫星遥感应用等领域科研人员和教学参考用书。

全书共分 5 章。第 1 章介绍热带气旋和卫星观测的意义及我国海洋卫星现状与规划；第 2 章介绍 HY-1 系列卫星的热带气旋观测；第 3 章介绍 HY-2 系列卫星热带气旋观测；第 4 章介绍 GF-3 卫星热带气旋观测；第 5 章介绍海洋卫星热带气旋业务化观测。附录1、附录 2 和附录 3 分别展示了 HY-1C/D 台风卫星云图、HY-2A 卫星微波散射计和 GF-3 卫星合成孔径雷达台风风场监测结果图。此次编著得到了叶小敏、张毅、袁新哲和兰友国等多位团队成员的协助，全书统稿也得到了叶小敏的协助。本书的部分研究和出版得到了国家重点研发计划（编号：2016YFC1401000、2022YFC310490）资助。

由于作者时间和水平有限，书中不妥之处在所难免，敬请读者批评指正。

林明森

2020 年 12 月

目　　录

1 引　　言

热带气旋是发生在热带、亚热带地区海面上的气旋性环流，是一种具有极强破坏性的天气系统。

1.1　热带气旋及卫星观测的意义

热带气旋发生在西北太平洋及其沿岸地区通常被称为"台风（typhoon）"，而发生在大西洋、加勒比海和东北太平洋及其沿岸地区则被称为"飓风（hurricane）"。广义上而言，"台风"并非特指一种热带气旋强度。中心持续风速每秒17.2 m及以上的热带气旋（包括世界气象组织定义中的热带风暴、强热带风暴和台风）均称台风。在非正式场合，"台风"甚至直接泛指热带气旋本身。当西北太平洋的热带气旋达到热带风暴的强度，便给予其名称。名称由世界气象组织台风委员会的14个国家和地区提供。按照《热带气旋等级》国家标准（GB/T 19201—2006），依据热带风暴附近最大平均风速的大小将其划分为6个不同强度的等级，分别为热带低压（10.8～17.1m/s，风力6～7级）、热带风暴（17.2～24.4 m/s，风力8～9级）、强热带风暴（24.5～32.6 m/s，风力10～11级）、台风（32.7～41.4 m/s，风力12～13级）、强台风（41.5～50.9 m/s，风力14～15级）和超强台风（≥51.0 m/s，风力16级或以上）。

在海上的热带气旋引起滔天巨浪，狂风暴雨。有时会令船只沉没，国际航运受影响。但是热带气旋以登陆陆地时所造成的破坏最大，主要的直接破坏包括：①大风，飓风级的风力足以损坏以至摧毁陆地上的建筑、桥梁、车辆等。②风暴潮，热带气旋的风及气压造成的水面上升，可以淹没沿海地区。③大雨，热带气旋可以引起持续的倾盆大雨，在山区可能引起河水泛滥、泥石流等。

我国是世界上遭受台风影响最严重的国家之一，热带气旋达到一定强度后就会形成台风，每年有20个左右台风进入我国附近海域，其中大约有6～7个登陆东南沿海地区，严重影响当地居民的生命财产安全、生活与经济发展。

热带气旋（台风）往往发生在大洋中心，洋面观测资料稀少，通过常规观测方式，很难获得台风的精确位置、强度以及风场分布。自卫星遥感技术不断发展并进入业务化观测时代开始，卫星观测不仅能准确地显示台风的中心位置、强度，且能获得大范围的风场等信息，极大地提高了人类对台风的监测能力，台风的预警时间也大幅度提前。热带气旋的监测、预报及研究已离不开卫星观测资料。我国海洋卫星对台风的观测包括海洋水色系列卫星的热带气旋云图、海洋动力环境卫星和监测系列卫星的海面风场、台风眼位置、强度和路径等热带气旋信息的观测（林明森等，2014）。

　　星载微波散射计获取的是海表面风场的空间分布，风速、风向等信息直接反映海面的真实情况。因此，星载微波散射计为研究人员和业务预报人员研究和分析预测台风提供了基础数据源。为了更好地为海洋环境预报、防灾减灾工作以及全球气候变化研究服务，我国海洋二号系列卫星（HY-2）搭载有微波散射计，可业务化地提供大尺度、全天时、全球观测海面风场，在台风监测中可发挥独特的作用。

　　国内外学者也已经利用 QuikSCAT 上搭载的 SeaWinds 微波散射计数据对台风海面风场开展了研究（林明森等，1997；Kristna et al.，1999；Yueh et al.，2003；Zou et al.，2009），由于在台风形成初期，海面风场涡旋尺度较小，数值天气预报（numerical weather prediction，NWP）很难对其作出准确的预报，而利用 Seawinds 风场数据后，将优先于传统方式获取热带低气压信息，这将有助于热带风暴的预报（Isaksen and Stoffelen，2000；Figa and Stoffelen，2000；Chelton and Freilich，2005）。高分辨率散射计数据对于解析风暴的水平结构，准确定位风暴中心的位置很有帮助（Williams and Long，2008）。SeaWinds 数据对 OPC 海表风场的分析与预报所产生了重大影响，OPC 大量使用实时、可靠的 SeaWinds 风场数据，约 10% 的短期海风警报的确定是基于 SeaWinds 风场（Chelton et al.，2006；Joan and Sienkiewichz，2006）。与散射计和微波辐射计相比，合成孔径雷达（synthetic aperture radar，SAR）的观测优势不仅体现在适用于近岸风场观测，而且可以以数十米甚至数米的高地面空间分辨率对热带气旋的细节进行观测（Katsaros et al.，2002）。利用 SAR 对热带气旋的海面风场监测，一般使用 CMOD4、CMOD5 或交叉极化地球物理模式函数，利用海面风场和 SAR 后向散射系数的关系进行海面风场反演（Shen et al.，2009；Zhang et al.，2014；Li，2015；Hwang et al.，2015；Ye et al.，2019）。热带气旋发生过程中，一般伴随着强降水和大风（张庆红等，2010；周旋等，2014），利用 SAR 图像的图斑，还可确定台风 SAR 图像上的海面风向。以上方法在我国海洋二号系列卫星（HY-2）和高分三号（GF-3）卫星 SAR 对台风的监测中得到了广泛应用（林明森等，2014；Ye et al.，2016；Lin et al.，2017；兰有国，2018；杨典等，2019）。

　　我国海洋一号系列卫星、海洋二号系列卫星和高分三号卫星可在热带气旋的观测中发挥巨大的观测效能，为汛期防灾减灾提供强大的数据支撑和服务。

1.2 中国海洋卫星现状及规划

我国第一颗海洋卫星的立项工作始于 1985 年，鉴于当时的国家经济承受能力、技术条件，海洋卫星研制项目未能顺利立项。到 20 世纪 90 年代初期，国家海洋局重新启动海洋卫星研制的立项论证工作。1997 年 6 月 30 日，国防科学技术工业委员会正式下达了《关于海洋水色卫星立项研制的批复》，从而开启了中国海洋卫星事业的大门。随后，国家海洋局又组织制订了《海洋卫星及卫星海洋应用发展长远规划》，并纳入中国航天事业发展规划。在 2000 年 11 月发布的《中国的航天》白皮书中，明确了海洋卫星系列是我国长期稳定的卫星对地观测体系的重要组成部分。图 1.1 为我国已发射卫星及海洋遥感应用历史进程。

"海洋一号 A"（HY-1A）卫星于北京时间 2002 年 5 月 15 日 9 时 50 分在太原卫星发射中心与 FY-1D 卫星一并由长征四号乙火箭一箭双星发射升空，于 2002 年 5 月 27 日到达 798 公里的预定轨道，并于 2002 年 5 月 29 日按预定计划开始进行对地观测。"海洋一号 A"卫星结束了中国没有海洋卫星的历史，使中国进入空间海洋遥感时代，也开启了"海洋一号"卫星系列升空的征途。"海洋一号 A"卫星使我国在海洋系列卫星的研制、发射、控制、运行、管理及应用等方面积累了经验，为我国海洋卫星事业的发展奠定了坚实基础。

2007 年 4 月 11 日，"海洋一号 B"（HY-1B）卫星成功发射，它是 HY-1A 的改进和发展，是中国海洋水色卫星系列中的第二颗，它接替了 HY-1A 卫星，执行预定的海洋水色遥感观测任务，观测能力和探测精度得到了进一步提高。

2011 年 8 月 16 日，"海洋二号 A"（HY-2A）卫星成功发射，它是我国第一颗海洋动力环境卫星。HY-2 卫星新型的微波遥感技术填补了我国海洋微波遥感的空白，使我国首次拥有了海洋动力环境参数的卫星遥感观测能力。此外，HY-2 卫星在国内首次采用的精密定轨技术，打破了西方发达国家的技术壁垒，实现厘米级的定轨精度。

2016 年 8 月 10 日，我国首颗分辨率达到 1 m 的 C 频段多极化合成孔径雷达（SAR）卫星——高分三号（GF-3）成功发射。GF-3 卫星能够获取可靠、稳定的高分辨率 SAR 图像，并实现不同应用模式下 1～500 m 分辨率、10～650 km 幅宽的微波遥感数据获取，服务于海洋环境监测与权益维护、灾害监测与评估、水资源评价管理、气象研究及其他多个领域，是我国实施海洋开发、进行陆地资源监测和应急防灾减灾的重要技术支撑，改善了我国民用天基高分辨率 SAR 数据全部依赖进口的现状，在引领我国民用高分辨率微波遥感卫星应用中起到重要示范作用。

2018 年 9 月 7 日，我国第三颗海洋水色卫星——海洋一号 C 卫星（HY-1C）

成功发射，至今仍在稳定地在轨运行，源源不断提供着水色水温资料，可与世界上先进水色卫星相媲美。HY-1C 卫星开启了我国业务化海洋卫星观测运行的新篇章。

2018 年 10 月 25 日，我国第二颗极轨海洋动力环境卫星 HY-2B 发射升空，这也是我国民用空间基础设施规划的第一颗海洋业务卫星。HY-2B 的成功发射为海洋防灾减灾、海上安全、大洋渔业、全球变化和海洋科研等领域的业务工作提供着稳定的业务化数据服务，发挥了重要的支撑作用。

2018 年 10 月 29 日，中法两国合作研制的首颗卫星——中法海洋卫星（CFOSAT）成功发射，该卫星是我国海洋卫星系列的重要组成部分，装载了中方研制的旋转扇形波束散射计和法方研制的海洋波谱仪，首次实现了对全球海面风场、海浪谱两种重要海洋参数的大面积、高精度同步观测，完善了海洋立体监测手段，为海洋科学研究、全球气候变化、海洋预警监测等提供实测数据并积累长时间系列历史数据。

2020 年 6 月 11 日，我国在太原卫星发射中心使用长征二号丙运载火箭成功发射海洋一号 D 卫星（HY-1D）。该卫星是《国家民用空间基础设施中长期发展规划（2015—2025 年)》支持立项的海洋业务卫星，与已发射的海洋一号 C 卫星组成我国首个海洋业务卫星星座，进行上、下午组网观测，组网观测将成为海洋业务卫星"新常态"。HY-1D 卫星运行于太阳同步轨道，主要技术指标和性能与HY-1C 卫星相同，双星组网后将使全球海洋水色水温、海岸带资源与生态环境观测频次与效率提升一倍，填补我国海洋水色卫星无下午观测数据的空白，丰富自然资源调查监测技术手段，为海洋强国建设提供数据支撑。卫星还可应用于全球气候变化研究、生态文明建设等领域，服务生态环境、应急管理、农业农村、气象、水利等行业。

2020 年 9 月 21 日，我国在酒泉卫星发射中心用长征四号乙运载火箭成功发射海洋二号 C 卫星（HY-2C）。该卫星是《国家民用空间基础设施中长期发展规划（2015—2025 年)》支持立项，由自然资源部主持建造的海洋业务卫星，发射后与已在轨运行的海洋二号 B 卫星协同观测，大幅提高海洋动力环境要素全球观测覆盖能力和时效性，对建设海洋强国、提升防灾减灾能力、开展海洋科学研究、解决全球变化问题等方面具有重要意义。

2021 年 5 月 19 日，我国在酒泉卫星发射中心用长征四号乙运载火箭成功发射海洋二号 D 卫星（HY-2D）。海洋二号 D 卫星是国家空间基础设施海洋动力卫星系列的第三颗业务卫星，与海洋二号 B 卫星、海洋二号 C 卫星等构成我国海洋动力环境卫星星座，主要用于观测海面风场、海面高度、有效波高、重力场和大洋环流等信息，为海况预报、风暴预警、降水预报、地表分析和全球气候变化研究等领域提供有力支撑。

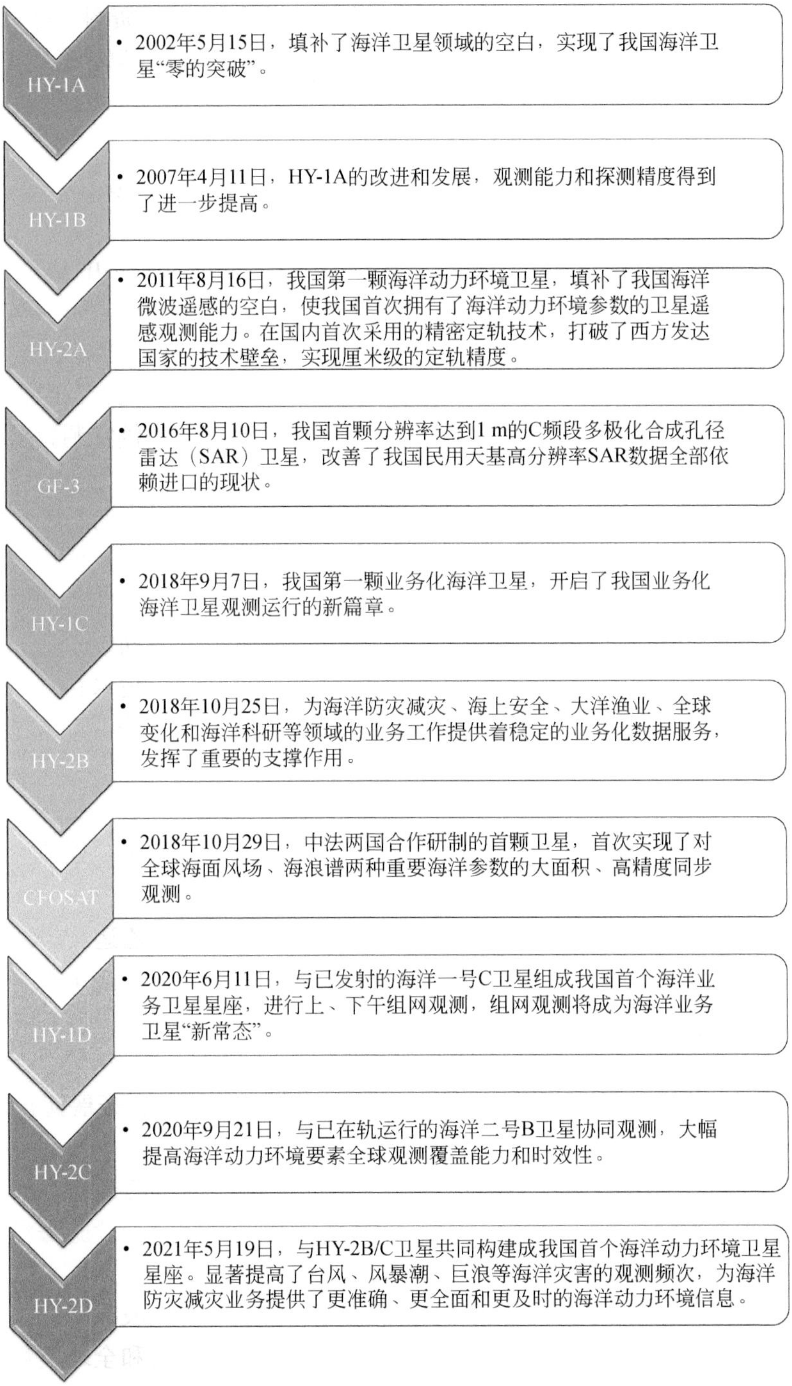

HY-1A
- 2002年5月15日，填补了海洋卫星领域的空白，实现了我国海洋卫星"零的突破"。

HY-1B
- 2007年4月11日，HY-1A的改进和发展，观测能力和探测精度得到了进一步提高。

HY-2A
- 2011年8月16日，我国第一颗海洋动力环境卫星，填补了我国海洋微波遥感的空白，使我国首次拥有了海洋动力环境参数的卫星遥感观测能力。在国内首次采用的精密定轨技术，打破了西方发达国家的技术壁垒，实现厘米级的定轨精度。

GF-3
- 2016年8月10日，我国首颗分辨率达到1 m的C频段多极化合成孔径雷达（SAR）卫星，改善了我国民用天基高分辨率SAR数据全部依赖进口的现状。

HY-1C
- 2018年9月7日，我国第一颗业务化海洋卫星，开启了我国业务化海洋卫星观测运行的新篇章。

HY-2B
- 2018年10月25日，为海洋防灾减灾、海上安全、大洋渔业、全球变化和海洋科研等领域的业务工作提供着稳定的业务化数据服务，发挥了重要的支撑作用。

CFOSAT
- 2018年10月29日，中法两国合作研制的首颗卫星，首次实现了对全球海面风场、海浪谱两种重要海洋参数的大面积、高精度同步观测。

HY-1D
- 2020年6月11日，与已发射的海洋一号C卫星组成我国首个海洋业务卫星星座，进行上、下午组网观测，组网观测将成为海洋业务卫星"新常态"。

HY-2C
- 2020年9月21日，与已在轨运行的海洋二号B卫星协同观测，大幅提高海洋动力环境要素全球观测覆盖能力和时效性。

HY-2D
- 2021年5月19日，与HY-2B/C卫星共同构建成我国首个海洋动力环境卫星星座。显著提高了台风、风暴潮、巨浪等海洋灾害的观测频次，为海洋防灾减灾业务提供了更准确、更全面和更及时的海洋动力环境信息。

图 1.1　我国已发射卫星及海洋遥感应用历史进程图

　　我国以"海洋一号"水色卫星系列为起点,陆续发射了海洋水色卫星(HY-1系列)、海洋动力环境卫星(HY-2系列)、中法海洋卫星(CFOSAT)和海洋监视监测卫星(GF-3系列、HY-3系列),正在逐步形成以自主卫星为主导的海洋空间监测网。根据《国家民用空间基础设施中长期发展规划(2015—2025年)》,我国还将继续发射新一代海洋水色卫星、新一代海洋动力环境卫星、盐度卫星、1 m分辨率C-SAR卫星、高时间分辨率静止轨道海洋卫星等,使三个系列卫星达到业务化、长寿命、不间断稳定运行。通过多星在轨组网运行,实现全天候、全天时、高分辨、高频次、快速获取我国近海与全球的海洋水色环境、海洋动力环境、海岸带、海岛及海上目标的多尺度、多要素、高精度数据产品及变化信息,为海洋灾害监测预报、海监维权执法、大洋极地科考、海洋资源开发保护和综合管理、国际交流合作、海洋科学技术研究、国民经济与国防建设提供长期、连续、稳定的技术支撑与服务保障(蒋兴伟等,2019;林明森等,2019)。

2 HY-1 卫星热带气旋观测

HY-1 系列卫星包括已发射的 HY-1A、HY-1B、HY-1C 和 HY-1D 四颗卫星，还包括规划中将发射的新一代海洋水色卫星。HY-1 系列卫星对热带气旋的观测主要是利用其载荷不同波段的云图直观地观测台风的云顶结构以及热带气旋过境前后的海洋水色要素和海表温度的变化。本章主要展示 HY-1 卫星对热带气旋云图结构的观测效果。

2.1 HY-1 卫星及水色水温仪介绍

HY-1 系列卫星为水色和水温探测卫星，其上主要载荷为水色水温扫描仪（Chinese ocean color and temperature scanner，COCTS）和海岸带成像仪（coastal zone imager，CZI）。HY-1C 卫星和 HY-1D 卫星还搭载了紫外成像仪（ultraviolet imager，UVI）、星上定标仪（satellite calibration spectrometer，SCS）和船舶定位系统（automatic identification system，AIS）。HY-1C 和 HY-1D 卫星运行于太阳同步回归轨道，轨道高度：782 km（标称值）。HY-1C 为上午星，降交点地方时 10：30AM±30 min；HY-1D 卫星为下午星，降交点地方时 1：30PM±30 min。本书介绍的热带气旋观测，主要是利用目前在轨的 HY-1C 和 HY-1D 上的 COCTS 和 UVI 观测的结果，因此这里的卫星仪器介绍主要针对 HY-1C 和 HY-1D 及其 COCTS 和 UVI。

HY-1C/D 主载荷 COCTS 和 UVI 相关技术参数介绍如下。

2.1.1 水色水温扫描仪（COCTS）

COCTS 是一台十波段中等分辨率的成像光谱仪，包含 8 个可见光/近红外波段和 2 个热红外波段。星下点空间分辨率优于 1.1 km，刈幅宽度大于 2900 km。其波段光谱范围、中心波长、信噪比和最大辐亮度等技术参数见表 2.1。

表 2.1 HY-1C/D 卫星 COCTS 技术参数

波段序号	光谱范围/μm	中心波长	SNR 或 NEΔT@ 测量条件	最大辐亮度/（mW·cm^{-2}·μm^{-1}·Sr^{-1}）
1	0.402~0.422	412 nm	349@9.10 mW·cm^{-2}·μm^{-1}·Sr^{-1}	13.94
2	0.433~0.453	443 nm	472@8.41 mW·cm^{-2}·μm^{-1}·Sr^{-1}	14.49

续表

波段序号	光谱范围/μm	中心波长	SNR 或 NEΔT@ 测量条件	最大辐亮度/（mW·cm⁻²·μm⁻¹·Sr⁻¹）
3	0.480 ~ 0.500	490 nm	467@6.56 mW·cm⁻²·μm⁻¹·Sr⁻¹	14.59
4	0.510 ~ 0.530	520 nm	448@5.46 mW·cm⁻²·μm⁻¹·Sr⁻¹	13.86
5	0.555 ~ 0.575	565 nm	417@4.57 mW·cm⁻²·μm⁻¹·Sr⁻¹	13.89
6	0.660 ~ 0.680	670 nm	309@2.46 mW·cm⁻²·μm⁻¹·Sr⁻¹	11.95
7	0.730 ~ 0.770 *	750 nm	319@1.61 mW·cm⁻²·μm⁻¹·Sr⁻¹	9.72/5.0 **
8	0.845 ~ 0.885	865 nm	327@1.09 mW·cm⁻²·μm⁻¹·Sr⁻¹	6.93/3.5 **
9	10.30 ~ 11.30	11.8 μm	0.20@300 K	200 ~ 320 K ***
10	11.50 ~ 12.50	12.0 μm	0.20@300 K	200 ~ 320 K ***

* HY-1D 卫星第 7 波段光谱范围为：734 ~ 754 nm，中心波长为 744 nm；

** 动态范围可设置两档可调（低端为默认档）；

*** 此处为亮温测量范围。

　　COCTS 主要用于探测海洋水色要素（叶绿素浓度、悬浮泥沙浓度和可溶性有机物等）和海面温度场等。通过连续获取长时序的我国近海及全球水色水温资料，研究和掌握海洋初级生产力分布、海洋渔业和养殖业资源状况和环境质量等，为海洋生物资源合理开发与利用提供科学依据；为全球变化研究、海洋在全球 CO_2 循环中的作用及 El-Niño 探测提供大洋水色水温资料。

　　COCTS 可实时观测西北太平洋区域，即渤海、黄海、东海、南海和日本海等海域，其他区域则为非实时观测区域。COCTS 水色观测覆盖周期为 1 天（HY-1C 或 HY-1D 单颗卫星），双星组网则为 0.5 天；海表温度观测单星观测周期则为 0.5 天，即一天两次，白天和夜间各一次，双星组网观测则为 0.25 天，即一天四次（Ye et al.，2020；Ye et al.，2021）。

2.1.2　紫外成像仪（UVI）

　　UVI 包含两个紫外通道，其数据下传模式包括全传模式和合并模式，全传模式空间分辨率为星下点 550 m，合并模式空间分辨率为星下点 1.1 km，幅宽大于2900 km。其波段光谱范围、中心波长、信噪比和最大辐亮度等技术参数见表 2.2。

　　UVI 主要用于提高海洋水色水温扫描仪近岸高浑浊水体大气校正精度，然而其遥感图像对热带气旋云图展现效果极好，可用于分析热带气旋的云图结构。UVI 实时观测与非实时观测区域与 COCTS 相同。UVI 观测覆盖周期为 1 天（HY-1C 或 HY-1D 单颗卫星），双星组网则为 0.5 天。

表 2.2　HY-1C/D 卫星 UVI 技术参数

波段序号	波段范围/μm	中心波长	SNR 或 NEΔT@ 测量条件	最大辐亮度/（mW·cm⁻²·μm⁻¹·Sr⁻¹）
1	0.345 ~ 0.365	355 nm	1000@7.5 mW·cm⁻²·μm⁻¹·Sr⁻¹	35.6/18.5*
2	0.375 ~ 0.395	385 nm	1000@6.1 mW·cm⁻²·μm⁻¹·Sr⁻¹	38.1/16.5*

* 测量条件为典型输入光谱辐亮度；两档动态范围（低端为默认档），数据同时下传。

2.2　HY-1 卫星的热带气旋云图观测

HY-1C/D 卫星对热带气旋的云图观测的波段包括可见光波段、热红外波段和紫外波段。其中可见光和紫外波段可用于白天对热带气旋的观测，而热红外波段不仅可在白天，在夜间也可对其热红外云图进行观测。本章主要展示 HY-1C/D 卫星对热带气旋云图的直接观测结果示例。

2.2.1　可见光云图

HY-1C/D 卫星 COCTS 包括 8 个波段的可见光和近红外观测（波段信息见前文表 2.1）。利用其可见光波段数据进行伪彩色合成，可得到热带气旋的可见光云图。图 2.1 为 2020 年第 22 号强台风"环高"（Vamco，国际标号 2022）的

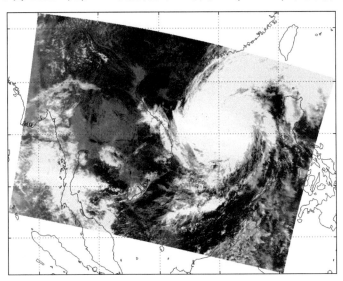

图 2.1　HY-1C 卫星 COCTS 对 2020 年第 22 号强台风"环高"的卫星观测云图

COCTS 第 6、5、2 波段伪彩色合成，观测时间为北京时间 2020 年 11 月 13 日 11：25

HY-1C 卫星 COCTS 可见光云图。

由图 2.1 可见，在 COCTS 的伪彩色合成图上，可清晰可见雷州半岛两侧及北部湾海域的海洋颜色信息以及台风云图。由于 COCTS 是专门设计用于监测海色要素，因此在满足海色信息灵敏监测同时，其在高亮度云图监测时，会发生信号饱和。因此图 2.1 展示的卫星云图台风区域，出现了"高亮"图斑，在大致显示了台风的形态信息的同时，丢失了云图结构和台风眼的信息。

2.2.2　热红外亮温分布图

HY-1C/D 卫星 COCTS 除设置的 8 个波段的可见光和近红外观测外，剩余两个热红外通道用于探测海表温度。图 2.2 为 2020 年第 22 号强台风"环高"的 HY-1C 卫星 COCTS 热红外波段（第 9 波段，10.8 μm）的亮温分布图，即与图 2.1 所示数据完全同步观测的热红外通道数据。

图 2.2　HY-1C 卫星 COCTS 对 2020 年第 22 号强台风"环高"的热红外波段亮温分布图
COCTS 第 9 波段，观测时间为北京时间 2020 年 11 月 13 日 11：25

由图 2.2 所示的台风热红外波段亮温分布图可见，台风结构清晰可见，即 HY-1C 卫星观测了整个台风云图结构的亮温。HY-1C 或 HY-1D 卫星对全球海洋的观测覆盖频率为每天两次，白天和夜间各一次。因此 HY-1C 和 HY-1D 卫星 COCTS 的热红外波段可每天实行对相同海域每天四次的观测。本书后文附图 1.1

为 HY-1C 和 HY-1D 卫星 COCTS 的热红外波段（第 9 波段，波长 10.8 μm）对 2020 年第 22 号强台风"环高"进入南海并在南海区域移动过程的监测图。

由本书后文附图 1.1 可见，HY-1C 和 HY-1D 双星的 COCTS 热红外通道基本能实现对同一热带气旋进行一天四次的云图观测。利用这些时间序列的卫星云图可大致判断热带气旋的移动路径和速度。

2.2.3 紫外光云图

在白天的 HY-1C/D 卫星 COCTS 对地观测中，其上搭载的 UVI 也可进行不同观测。在紫外波段，云顶的辐亮度显著高于水体和陆地，因此紫外成像仪紫外各波段的辐亮度能清晰获得热带气旋的云图结构。图 2.3 为 2020 年第 22 号强台风"环高"的 HY-1C 卫星 UVI 紫外高动态波段（第 2 波段，波长 385 nm）辐亮度分布图，即与图 2.1 所示数据完全同步观测 UVI 辐亮度数据。

图 2.3 HY-1C 卫星 UVI 对 2020 年第 22 号强台风"环高"的辐亮度分布图
UVI 第 2 高动态波段，观测时间为北京时间 2020 年 11 月 13 日 11：25

对比图 2.1、图 2.2 和图 2.3，图 2.3 紫外波段卫星云图结构更加清晰，说明 UVI 在对于高目标的探测中，其载荷动态范围和灵敏度指标具备探测台风云图的能力。本书后文附录 1 附图 1.2 为 HY-1C 和 HY-1D 卫星 UVI 的紫外高动态波段（第 2 波段，波长 385 nm）对 2020 年第 22 号强台风"环高"进入南海并在南海区域移动过程的监测图。由后文附图 1.1 可见，HY-1C 和 HY-1D 卫星 UVI 通过双星组网，能实现对同一热带气旋进行一天两次的云图观测。利用这些时间序列的卫星云图也可大致判断热带气旋移动路径和速度。

3 HY-2 卫星热带气旋观测

HY-2 系列卫星是我国海洋动力环境卫星,其主载荷之一微波散射计 1~2 天在全球海域海面风场的观测覆盖率不低于 90%。本章主要介绍已发射的 HY-2 系列卫星在热带气旋的观测应用。

3.1 HY-2 卫星简介

HY-2 系列卫星为海洋动力环境卫星,集主、被动微波遥感器于一体,具有高精度测轨、定轨能力与全天候、全天时、全球探测能力。卫星的主要使命是监测和调查海洋环境,获得包括海面风场、浪高、海面高度、海面温度等多种海洋动力环境参数,直接为灾害性海况预警预报提供实测数据,为海洋防灾减灾、海洋权益维护、海洋资源开发、海洋环境保护、海洋科学研究以及国防建设等提供支撑服务。HY-2 系列卫星对建设海洋强国、提升防灾减灾能力、开展海洋科学研究、解决全球变化问题等方面具有重要意义(蒋兴伟等,2013,2014;张毅等,2013)。

HY-2 卫星载荷包括微波散射计、雷达高度计、微波辐射计和校正辐射计,用于观测全球海面、海面高度、有效波高、海表温度等海洋动力环境要素。以 HY-2A 卫星为例,卫星及其载荷示意图见图 3.1 所示。

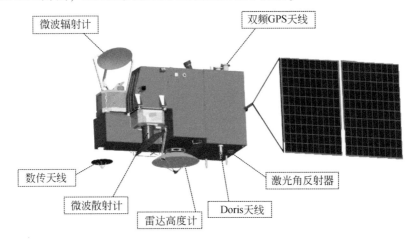

图 3.1 HY-2A 卫星示意图

HY-2 系列卫星均具有全球连续观测能力，实时观测区域为 5°S ~ 50°N，100° ~ 150°E。

3.2　HY-2 卫星微波散射计海面风场反演

微波散射计是主要用于海面风场测量的微波载荷。HY-2 卫星微波散射计广泛应用于热带气旋海面风场的观测，并已业务化应用于风暴潮预报等防灾减灾工作。

3.2.1　微波散射计工作机制

HY-2 微波散射计采用双点笔形波束体制。天线采用抛物反射面天线，产生两个点波束，其中内波束水平极化，外波束垂直极化。通过 360°旋转实现对同一分辨单元四次不同方位角以及宽刈幅测量。微波散射计观测示意图见图 3.2。

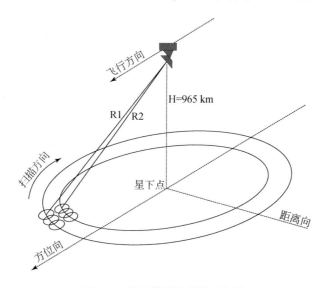

图 3.2　微波散射计观测示意图

HY-2 微波散射计由探测头部、系统控制器、伺服控制器三个装星单机组成。HY-2 微波散射计的基本工作过程为：微波发射机通过环形器与天线接通，向海面发射射频脉冲，脉冲信号经目标散射，散射回波信号被天线接收后，经环形器送到接收机，再经接收处理恢复为视频信号，送至信号处理器。同时，内定标设备将发射机的部分功率耦合到接收机中形成闭环，从而实现内部校准，消除收发系统的任何变化所引起的测量误差。信号处理器对回波信号、内定标信号及无回波的纯噪声信号进行处理，地面处理系统综合各测量结果获得海面散射源的后向散射系数、风场特性等（许可等，2005；朱素云等，2007）。HY-2 卫星微波散射计的技术指标见表 3.1。

表 3.1 HY-2 卫星微波散射计主要技术指标

序号	指标项目	指标
1	工作频率	13.25 GHz
2	观测刈幅	外波束：1700 km、内波束：1400 km
3	地面分辨率	25 km
4	后向散射系数测量精度	0.5 dB
5	后向散射系数测量范围	−40 ~ 20 dB
6	风速测量范围	2 ~ 24 m/s
7	风速反演精度	±2 m/s 或 10%
8	风向反演精度	±20°

3.2.2 微波散射计海面风场反演原理

地球物理模型函数与风速、风向、天线极化相对方位角、入射角成非线性的关系，且由于测量归一化后向散射截面（NRCS）存在各种噪声增加了风矢量反演问题的非线性，使从 NRCS 测量反演风矢量不能直接用求逆的方法来求解。业务化运行中均采用最大似然法（MLE）求解风矢量（Chi and Li，1988；林明森等，2013）。

从统计学的角度来看，风场反演是一个典型的"后验估计"问题，即利用一组有限的观测值，对一给定统计分布的参数值进行估计。对于散射计风场反演这个"后验估计"问题，难点在于观测值中有噪声、统计分布的函数形式还不能精确地确定以及观测值的数量有限。

对于"后验估计"问题，没有唯一准确的求解方法。所有的求解方法都需要预先确立一个针对观测值的采样概率密度函数（probability density function，PDF），其中包含有未知数值的参数。然后将一组观测值数据代入指定的概率密度函数中，得到一个解析函数（即"似然函数"）。这个似然函数将先前概率密度函数中的参数作为变量，且似然函数中的局部或全局极值点对应于这些参数的最大可能值，这些参数值与概率密度函数和测量值都相符合。

对业务化运行中所采用的最大似然估计（MLE）方法简要推导如下：首先给出单个 NRCS 测量值的概率密度函数和同一海面风场分辨单元内多个 NRCS 测量值的联合概率密度函数，最后得到风矢量估计的似然函数。

每一个海面 NRCS（σ^0）测量值可以表示为

$$z_i = \sigma_i^0(\phi_i, p_i, \theta_i) + \varepsilon_i(\phi_i, p_i, \theta_i) \tag{3.1}$$

其中 z_i 表示 σ^0 的散射计测量值；σ_i^0 表示 σ^0 的真实值，比如由一个非常完美的散射计测量到的 σ^0 值；ε_i 代表随机误差；θ_i 为雷达波入射角；ϕ_i 为雷达波束的方位角；p_i 表示雷达波束的极化模式；其中 ε_i 代表的随机误差由各种噪声所引起，可认定为零均值的高斯分布变量，方差为 V_{ε_i}，即 $\varepsilon_i = N(0, V_{\varepsilon_i})$。对于数字多普勒扇状波束和笔状波束散射计，方差 V_{ε_i} 可表示为：

$$V_{\varepsilon_i} = \alpha(\sigma_i^0)^2 + \beta\sigma_i^0 + \gamma \tag{3.2}$$

其中 α、β、γ 传感器设计参数的函数，并且随 ϕ_i 和 θ_i 而缓慢变化。V_{ε_i} 的值决定于真实值 σ_i^0，而不是测量值 z_i。然而，由于三个系数随雷达方位角和入射角变化缓慢，因此可以用测量值 ϕ_i 和 θ_i 来估算 V_{ε_i}。

真实后向散射截面 σ_i^0 通过模型函数和海面风矢量相联系：

$$\sigma^0(\phi, p, \theta) = M(w, \chi; p, \theta) \tag{3.3}$$

其中相对风向 $\chi = \Phi - \phi$，为雷达波束的方位角 ϕ 与海面风向 Φ 的差值。

σ^0 的模型估测值 σ_{Mi}^0 与真实值之间存在一个差值，称为模型误差，表示为

$$\sigma_{Mi}^0 = M((w, \Phi) - (\phi_i, \theta_i, p_i)) + \varepsilon_{Mi} \tag{3.4}$$

其中 ε_{Mi} 也是一个均值为 0 的高斯分布随机变量，其方差依赖于真实风矢量和雷达参数。与式（3.2）中的 α、β、γ 相似，可以假定模型误差随观测参数（方位角和入射角）的变化足够缓慢，从而可以由测量值 ϕ_i 和 θ_i 来估算 ε_{Mi} 的方差。

对于给定的风矢量 (w, Φ) 和测量值 z_i，残差 R_i 定义为

$$R_i((w, \Phi) - (\phi_i, \theta_i, p_i)) = z_i - \sigma_{Mi}^0 \tag{3.5}$$

由于测量误差 ε_i 和模型误差 ε_{Mi} 相互独立，故 R_i 也是一个均值为 0 的正态分布随机变量，方差为

$$V_{Ri} = V_{\varepsilon i} + V_{\varepsilon Mi} \tag{3.6}$$

单个测量值 z_i 的残差 R_i 的条件概率密度函数为

$$p(R_i \mid \sigma_{0i}) = p(R_i \mid (w, \Phi)) = (V_{Ri})^{-1/2}\exp\{-(R_i)^2/2V_{Ri}\} \tag{3.7}$$

假设某个地面单元内有 N 个时间和空间上相匹配的 NRCS 测量值，所有这些测量值对应同一个未知的风矢量 (w, Φ)。由于每个测量值所对应的残差相互独立，所以这些残差的联合条件概率密度函数为

$$p(R_1, \cdots, R_N \mid (w, \Phi)) = \prod_{i=1}^{N} p(R_i \mid (w, \Phi)) \tag{3.8}$$

上式的最大似然解对应于使上式取局部最大值的风矢量 (w, Φ)。因此上式被称为似然函数。对上式两边取负的自然对数，得到风矢量反演的目标函数为

$$J_{MLE}(w, \Phi) = -\sum_{i=1}^{N}\left[\frac{z_i - M((w, \Phi) - (\phi_i, \theta_i, p_i))^2}{\Delta_k} + \ln\Delta_k\right] \tag{3.9}$$

其中

$$\Delta_k = (V_{Ri})^{1/2} = (\alpha_i \sigma_{0i}^2 + \beta_i \sigma_{0i} + \gamma_i + V_{\varepsilon Mi})^{1/2} \qquad (3.10)$$

因此，风场反演实际上就是要寻找使得式（3.9）取得局部最大值的风矢量（宋新改和林明森，2006；解学通等，2007；解学通和郁文贤，2008）。

在风矢量反演的过程中，有多个风矢量（风速和风向）可使目标函数式（3.9）取极小值，其中只有一个是真实解，其余的称伪解或模糊解。所以在利用MLE方法求得局部最小值后，还要进行风向的多解去除，得到真实解。

散射计可精确测量海面回波的后向散射系数，由于逆风和顺风测量具有相似的向后散射特性，其所引起的风向反演误差与图像处理消除噪声的问题相似。在一张均匀光滑的图像中，一个随机出现的亮点或暗点是容易自动判别出来的，对这种"脉冲"型的噪声，中数滤波法是消除的有效办法之一，同理在一个均匀的风场中，如果某一个风矢量与周围的风矢量相反或相差较大，中数滤波法也是一种有效的办法。目前业务化运行散射计风向多解去除就多采用圆中滤波算法（Schultz 1990；李燕初和孙瀛，1999）。

3.3 台风中心定位与路径分析

台风中心的定位一直是台风研究的重点，台风中心位置的确定对台风路径的预测进而对台风可能造成的破坏的预报非常重要。

3.3.1 台风中心定位

目前，台风中心位置的确定主要是依靠专业人员利用气象卫星云图，结合多种仪器的实时观测资料，采用人工方式进行（李研等，2009）。主要包括：①通过提取台风的形态特征进行定位；②利用动态图像分析方法进行定位。气象卫星云图的优点是覆盖范围广、时间分辨率高，可以实现对台风的实时动态监测，但它也有自身的缺点，如空间分辨率较低，因此需要利用其他光学卫星的数据如MODIS来进行辅助，微波传感器观测数据受天气条件影响较小，因此也经常用于台风研究（Liu et al.，2014）。

利用星载微波散射计的后向散射系数观测数据以及二级海面风场反演产品可以进行台风中心的定位，从后向散射系数信息获得台风中心所在的位置。即，①从风向推断出台风中心所在的位置；台风的风场结构具有气旋式涡旋特征，涡旋状分布风向的中心，对应台风中心所在的位置。②通过风速的分布推断台风中心所在的位置，在风眼区风弱、干暖、少云。围绕着眼区，有一环状的最大风速区，平均宽度为8~50 km。通过搜索台风发生区域风速的局部最小值，可以得

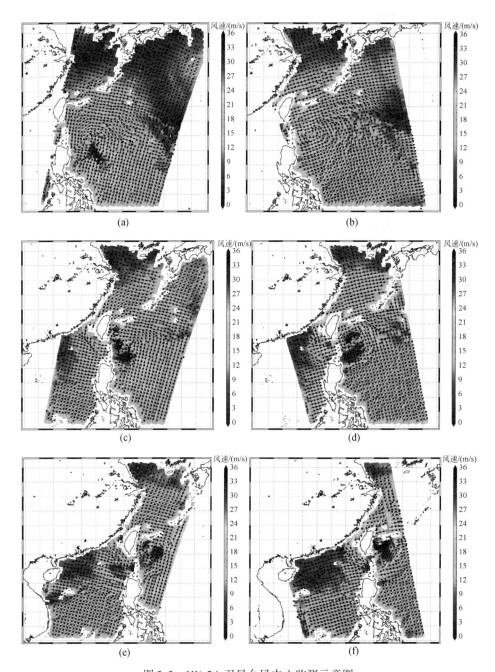

图 3.3　HY-2A 卫星台风中心监测示意图

（a）～（f）的观测时间分别为 2012 年 7 月 30 日 5：43、7 月 30 日 17：15、7 月 31 日 6：07、

7 月 31 日 17：39、8 月 1 日 6：30、8 月 1 日 18：00

出台风中心所在的位置。③通过后向散射系数信息直接获取台风中心所在的位置，原理跟②类似。因为在方位角变化不大的条件下，风速越强，对应的后向散射系数越强。所以在风眼处的后向散射系数远低于围绕着风眼大风区的后向散射系数，通过搜索后向散射系数的局部最小值，可以得出台风中心所在的位置（邹巨洪等，2015）。

根据上述方法，利用 HY-2A 微波散射计获得的海面风场图再加上海面雷达后向散射系数分布图对 2012 年第 9 号台风苏拉进行台风中心定位，从图 3.3 中可以发现，海洋二号微波散射计观测到海面风场的涡旋结构特征，并且在涡旋的中心存在低风速区，通过搜索局部最小值，辅以台风中心区域的雷达后向散射系数分布情况，定位台风中心的位置，表 3.2 中给出了星载散射计捕捉到的台风中心的地理位置、中央气象台发布的台风实况数据以及各自对应的时间点。

表 3.2　HY-2A 卫星微波散射计对 2012 年第 9 号台风中心定位信息

轨道号	微波散射计			实况数据		
	经度/°E	纬度/°N	观测时间/(年-月-日 时：分)	经度/°E	纬度/°N	观测时间/(年-月-日 时：分)
04175	125.5	19.5	2012-07-30 05：43	125.0	19.5	2012-07-30 05：00
04182	124.5	20.3	2012-07-30 17：15	124.6	20.5	2012-07-30 17：00
04189	124.0	20.5	2012-07-31 06：07	123.9	20.8	2012-07-31 06：00
04196	124.0	21.5	2012-07-31 17：39	124.3	21.6	2012-07-31 17：00
04203	123.5	23.0	2012-08-01 06：30	123.9	22.6	2012-08-01 06：00
04210	123.0	23.5	2012-08-01 18：00	123.0	23.7	2012-08-01 18：00

3.3.2　台风路径分析

台风中心的定位是台风路径分析和预测的基础，利用表 3.2 中的台风位置数据绘制台风苏拉中心的变化对比图，见图 3.4。按照离我国海域的远近距离，中央气象台以 3 小时到 15 分钟不等的时间间隔给出台风实况数据，HY-2A 卫星的过境观测时间间隔约为 12 小时，选择离卫星观测最近的实况数据点，从图 3.4 可以看出，两者存在一定的偏差，这是因为一方面两者在时间上不完全吻合，随着时间差的增大，位置偏差也在增大，另外，HY-2A 微波散射计的空间分辨率是 25 km，对应地面的经纬度约为 0.25°，因此也会对定位精度造成影响，然而两者在变化趋势上是完全一致的。

图 3.5 为 2012 年三次台风"苏拉""海葵""布拉万"的实况数据，并分别用黄色、红色、蓝色三种不同的颜色和符号勾勒出来各自的行进过程，其中黑色

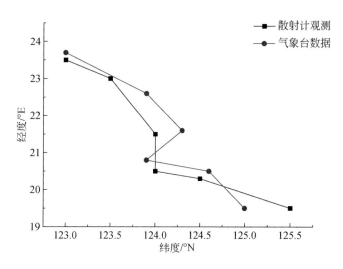

图 3.4 HY-2A 卫星微波散射计对 2012 年第 9 号台风"苏拉"观测台风
中心路径与中央气象台台风路径对比情况

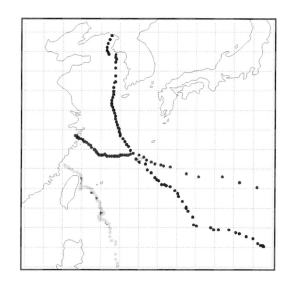

图 3.5 HY-2A 卫星微波散射计观测的台风中心路径图
与中央气象台台风路径对比情况

图中黄色、红色、蓝色分别为 2012 年三次台风"苏拉""海葵""布拉万"的中央气象台数据，
黑色十字符号表示 HY-2A 微波散射计观测到的台风中心的位置

十字符号标志了 HY-2A 微波散射计观测到的台风中心的位置，两者基本吻合。
国外学者利用分辨率增强后的散射计数据对台风中心进行定位研究，结果表明精度有所提高。

3.4 台风结构分析

2012 年第 10 号热带风暴"达维"于 7 月 31 日早晨在西北太平洋洋面上加强为强热带风暴,于 8 月 1 日 8 时在日本九州岛东南部海面加强为台风,并于 2 日 21 时 30 分前后在江苏省响水县陈家港镇沿海登陆。登陆后,"达维"强度逐渐减弱,3 日 1 时在江苏省北部减弱为强热带风暴,4 时前后进入山东省境内,3 日 9 时在山东省境内减弱为热带风暴,随后进入渤海西部海面。4 日 8 时在河北省东北部近海减弱为热带低压,11 时停止编号(信息来源于中央气象台)。HY-2A 卫星微波散射计观测台风信息见表 3.3 和图 3.6。

表 3.3   HY-2A 卫星观测的 2012 年台风"达维"的最大半径

时间(年-月-日 时:分)	再分析数据最大风速/(m/s)	卫星观测最大风速/(m/s)	7 大风半径/km	10 大风半径/km
2012-07-30 05:43	32.5	30	440	70
2012-07-30 17:15	27.2	33	440	90
2012-07-31 06:07	35.1	33	440	90
2012-07-31 17:39	34.4	33	440	90
2012-08-01 06:30	35.3	33	440	90
2012-08-01 18:00	37.8	40	500	100

大风半径是衡量台风可能的影响范围和破坏程度的重要依据,是气象预报员非常关心的参数,中央气象台的实况数据中给出了 7 级风(13.9~17.1 m/s)和 10 级风(24.5~28.4m/s)的半径,林明森等(1997)利用 Seasat-A 卫星上的散射计(SASS)数据反演台风条件下的海面风场矢量,绘制风速等值线,确定大风半径的数值,并将结果与气象报告的结果进行对比分析,研究结果表明星载微波散射计能够帮助改善大风半径的准确定义。与 SASS 相比,HY-2A 卫星搭载的微波散射计在灵敏度、准确性和观测刈幅上都有较大幅度的提高,这有助于台风大风半径的确定。

作为我国综合动力环境卫星,HY-2 卫星可以同时获取海面风场、海面温度、海面高度等海洋动力环境参数,其中海面风场观测具有大尺度、全天时、全球观测的特点,一天可以覆盖全球 90% 以上的海域面积,正是这种全球探测能力使 HY-2 卫星在台风监测中发挥独特的作用。以 2012 年第 9 号台风"苏拉"为例,

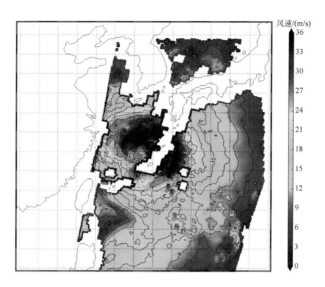

图 3.6　HY-2A 卫星微波散射计对 2012 年第 10 号热带
风暴 "达维" 的海面风场等值线图

早在其还是热带低压时，HY-2A 卫星就已经捕捉到了它在菲律宾以东洋面上的形态特征，观测数据实时地发往国家海洋环境预报中心，为相关部门的分析研判及预报提供决策依据。随后，气象部门正式对其进行编号并命名为 "苏拉"，海洋预报部门对 "苏拉" 的监测、预报会商工作也随即展开。对台风路径的预报是预报工作的重点，HY-2A 卫星准确捕捉到了台风中心的位置并跟踪其位置变化，从 HY-2A 卫星的观测序列中可以获取台风 "苏拉" 的行进路线及移动速度，这对台风预报非常重要，同时用 HY-2A 卫星的观测结果来检验预报的准确性，从而能够改进和提高台风预报的精度。在台风到来时，卫星观测资料弥足珍贵，而与其他卫星观测数据不同，HY-2A 卫星获取的是海表面风场的空间分布情况，风速、风向等信息直接反映海面的实况情况，因此不管是在台风行进的过程中还是在台风登陆的前夕，HY-2 系列卫星提供的观测资料对判断台风强度及其破坏性都将提供帮助。

4 GF-3 卫星热带气旋观测

GF-3 卫星作为海陆兼顾的 C 频段多极化 SAR 卫星，卫星在成像模式、图像质量技术指标等方面重点考虑了包括台风在内的典型海洋要素的观测需求（张庆君，2017；Zhang and Liu，2017）。

4.1 GF-3 卫星简介

GF-3 卫星轨道高度为 755 km，轨道类型为太阳回归晨昏轨道。GF-3 卫星平台搭载的 SAR 工作于 C 波段，常规入射角范围为 20°~50°，扩展入射角范围为 10°~60°；共有 12 种成像模式，按照实现方式归为 5 类工作模式，分别为：聚束、条带、超精细条带、扫描（ScanSAR）和波模式。GF-3 卫星 SAR 每种成像模式分辨率、成像幅宽和极化方式指标见表 4.1。

表 4.1 GF-3 卫星各成像模式技术指标

序号	成像模式		分辨率/m	幅宽/km	极化方式
1	滑块聚束（SL）		1	10	单极化
2	条带成像模式	超精细条带（UFS）	3	30	单极化
3		精细条带 1（FSI）	5	50	双极化
4		精细条带 2（FSII）	10	100	双极化
5		标准条带（SS）	25	130	双极化
6		全极化条带 1（QPSI）	8	30	全极化
7		全极化条带 2（QPSII）	25	40	全极化
8	扫描成像模式	窄幅扫描（NSC）	50	300	双极化
9		宽幅扫描（WSC）	100	500	双极化
10		全球观测（GLO）	500	650	双极化
11	波成像模式（WAV）		10	5	全极化
12	扩展入射角（EXT）	低入射角	25	130	双极化
		高入射角	25	80	双极化

扫描模式成像过程中天线方向图指向先固定在某个距离向上进行成像，然后

指向再调整到下一个距离向上进行成像,此为成像-跳转过程的循环。采用该方式实现的工作模式包括窄幅扫描(3 子带 SCAN)、宽幅扫描(5 子带 SCAN)、全球观测(7 子带 SCAN)。

具体到台风监测,GF-3 卫星具有如下优势(林明森等,2017):

(1)相对于散射计、辐射计、光学成像仪等能够监测台风的星载遥感载荷,GF-3 卫星用于宽幅成像的扫描模式能够获取 50~500 m 的台风观测图像,基于这些观测图像能够反演得到千米级的高分辨率台风监测产品(以散射计卫星为例,风场产品分辨率一般为 25 km)。并且能够对台风眼精细观测,在台风路径精细预报特别是预测台风登陆区域的应用上具有优势。

(2)GF-3 卫星具有全天时、全天候、多模式的数据获取能力,可以在极端气象条件下,获取台风登陆区域米级的高分辨率、多极化图像。结合台风登陆区域的历史观测数据,能够为台风登陆区域受损情况评估提供参考依据。

(3)台风往往伴随着强降水,是引发滑坡泥石流、城市内涝的重要因素。而 C 频段 SAR 图像中包含强降水信息,能够用于提取强降水信息(Xu et al.,2015;叶小敏,2021)。

4.2　GF-3 卫星 SAR 海面风场反演

海面风速反演过程中海面风向确定一般使用外部风向信息(如数值模式风场、准同步观测微波散射计风场等)或合成孔径雷达图像的风向信息(如风条纹、背风波等)(Friedman and Li,2000;Lin et al.,2008;Huang et al.,2018;Soisuvarn et al.,2013;Shen et al.,2007,2009,2014)。热带气旋(台风/飓风)发生时,常伴随降雨的发生,降雨雨团所携带的下沉风到达海面向四周扩散后,与背景海面风场相互叠加,会形成顺风一侧比逆风一侧明亮的 SAR 雨团图像特征。利用该降雨与海面相互作用在 SAR 图像上的图像特征,也可提取海面风向(叶小敏等,2018)。

在获得海面风向后,使用 CMOD5. N 等地球物理模式函数可反演获得同极化 SAR 数据覆盖区的海面风速,也可利用经验关系反演获得交叉极化 SAR 数据覆盖区的海面风速(Zhang and Perrie,2012;Zhang et al.,2017;Stoffelen et al.,2017;)。双极化 SAR 对高风速海面风场的探测具有如下特点:高风速条件下,交叉极化 SAR 探测的后向散射系数与风速呈线性关系,而同极化探测信号则会饱和。Ye 等(2019)提出了一种台风海面风速的双极化 SAR 反演方法。

$$U = \begin{cases} U_{pq} & U_{pq} \geqslant 25 \text{ m/s} \\ wU_{pp} + (1-w)\,U_{pq} & U_{pp} \geqslant 20 \text{ m/s and } U_{pq} \leqslant 25 \text{ m/s} \\ U_{pp} & U_{pp} < 20 \text{ m/s and } U_{pq} \leqslant 25 \text{ m/s} \end{cases} \quad (4.1)$$

上式中，U_{pq} 和 U_{pp} 分别代表交叉极化和同极化 SAR 图像数据反演的海面风速，$w = (U_{pq}-20)/5$ 为权重系数。该方法避免了同极化数据在高风速条件下的信号饱和，以及交叉极化数据在中低风速条件下信噪比较低的缺陷。

图 4.1 为 2017 年第 13 号台风"天鸽"海面风场的 GF-3 卫星 SAR 反演结果和同步的海洋浮标观测情况。

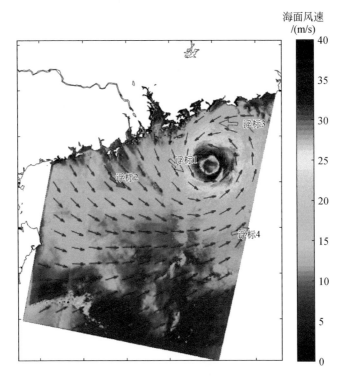

图 4.1　2017 年第 13 号台风"天鸽"海面风场 GF-3 卫星
SAR 反演和同步的海洋浮标观测情况

SAR 观测时刻 2017 年 8 月 22 日 22：23（UTC）；图中彩色背景为海面风场的
SAR 反演结果，彩色箭头为海洋浮标观测数据；图中背景和箭头的
色彩代表海面风速大小，箭头指向代表风向

由图 4.1 所示的风场 SAR 反演结果和同步的海洋浮标实测值比较（即背景和彩色箭头的色彩和方向的差异）可见，两者的风速和风向差异均较小。SAR 反演的海面风速均方根误差为 1.1 m/s，风向均方根误差为 16°。

　　GF-3 卫星 SAR 反演的海面风场和 HY-2 卫星同时对相同海域进行准同步观测时，两类卫星载荷则可提供两种不同分辨率的海面风场，实现对台风海面风场的不同空间尺度的观测。图 4.2 和图 4.3 为 GF-3 卫星 SAR 和 HY-2A 卫星微波散射计对 2017 年台风"杜苏芮"和"泰利"的准同步海面风场观测对比情况，其中图 4.2 中 GF-3 和 HY-2A 两卫星的观测时刻相差在 0.5 min 之内，图 4.3 中 GF-3 和 HY-2A 两卫星的观测时刻相差 7 min。图 4.2 和图 4.3 中背景和箭头的色彩分别代表 GF-3 卫星 SAR 和 HY-2A 卫星微波散射计海面风速观测值，由图 4.2 和图 4.3 中色彩的对比差异可见，GF-3 卫星 SAR 和 HY-2A 卫星微波散射计对同一台风的观测获得的海面风速和空间分布规律基本一致。

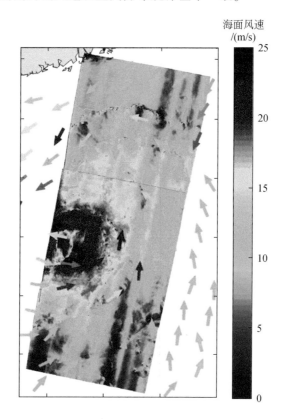

图 4.2　2017 年第 19 号台风"杜苏芮"GF-3 卫星 SAR（彩色背景）和 HY-2A 卫星
微波散射计（彩色箭头）风场对比情况
图中观测区域，GF-3 卫星 SAR 和 HY-2A 微波散射计的中心观测时刻均为
2017 年 9 月 13 日 22∶13（UTC）；色彩代表风速大小，
箭头指向代表 HY-2A 微波散射计反演的风向

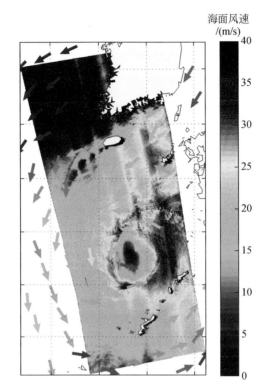

图 4.3　2017 年第 18 号台风"泰利"GF-3 卫星 SAR（彩色背景）和 HY-2A 卫星
微波散射计（彩色箭头）风场对比情况

图中观测区域，GF-3 卫星 SAR 中心观测时刻为 2017 年 9 月 16 日 09：33（UTC），
HY-2A 微波散射计的中心观测时刻为 2017 年 9 月 16 日 09：26（UTC），两者相差 7 min；
色彩代表风速大小，箭头指向代表 HY-2A 微波散射计反演的风向

4.3　GF-3 卫星 SAR 台风业务化监测

对 GF-3 卫星特点与台风监测能力进行了充分分析的基础上，GF-3 卫星 SAR
台风业务监测流程可参考图 4.4。

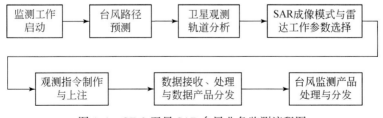

图 4.4　GF-3 卫星 SAR 台风业务监测流程图

1. 监测工作启动

根据海上台风预报，发起台风监测。并根据每日台风发展态势，决定卫星采用常规观测模式或应急观测模式。

2. 台风路径预测

在台风寿命期间，其强度、路径与传播速度会多次改变。根据风云卫星全球连续观测资料，负责在每日卫星观测计划制作前 8 ~ 24 小时提供台风路径预测信息，为 GF-3 卫星制定台风观测计划提供地理位置参考。图 4.5 为 2017 年监测第 5 号台风"奥鹿"期间的台风预测路径示意图（国家卫星气象应用中心制作）。

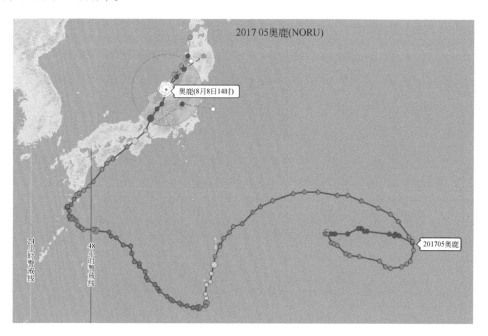

图 4.5　2017 年台风"奥鹿"路径预测示意图

3. 卫星观测轨道分析

根据台风路径与位置预测信息，进行卫星可观测轨道分析与不同成像模式对台风预测位置覆盖情况分析。图 4.6 为 2017 年 8 月 4 日台风"奥鹿"预测位置全球观测模式与宽幅扫描模式覆盖情况分析示意图。

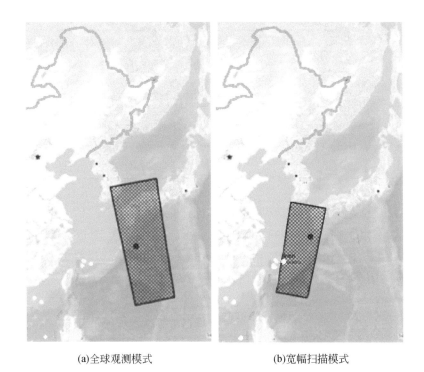

(a)全球观测模式   (b)宽幅扫描模式

图4.6 台风"奥鹿"2017年8月4日全球观测模式与宽幅扫描模式覆盖情况分析示意图

4. SAR 成像模式与雷达工作参数选择

依据卫星观测轨道分析结果，确定卫星成像模式与工作参数。卫星成像模式工作参数信息见表4.1。

1) 成像模式

对于台风观测，考虑台风中心区域范围、台风传播速度、台风路径预测精度等因素，主要采用宽幅成像模式进行海上台风观测，即3种扫描成像模式：窄幅扫描、宽幅扫描和全球观测模式。预测时间越接近卫星观测时间，并且台风预测位置越靠近成像刈幅中心，可选择扫描模式中分辨率较高、幅宽较小的成像模式；反之，则选取分辨率较低、幅宽较大的成像模式。

对于台风登陆区，主要采用高分辨率与全极化成像模式：超精细条带、精细条带1和全极化条带/成像模式。

适用于台风监测的 GF-3 卫星主要成像模式信息见表4.2。

表 4.2　适用于台风监测的 GF-3 卫星主要成像模式

序号	成像模式	分辨率/m	幅宽/km	极化方式	用途
1	超精细条带	3	30	可选单极化	台风登陆区监测
2	精细条带 1	5	50	可选双极化	
3	全极化条带 1	8	30	全极化	
4	窄幅扫描	50	300	可选双极化	台风监测
5	宽幅扫描	100	500	可选双极化	
6	全球观测模式	500	650	可选双极化	

2）手动增益控制（MGC）参数设置

MGC 参数是影响雷达观测效果的重要参数，主要的作用是调整海面回波强度使其落在雷达接收机范围内。相对于平时海面，台风区域海面更为粗糙，海面强度回波高于平时海面回波强度，因此台风观测时应调整 MGC 参数适当降低雷达增益。

3）极化方式

3 种扫描成像模式都为双极化工作方式，即一次成像能够获取垂直发射垂直接收/垂直发射水平接收（VV/VH）、水平发射水平接收/水平发射垂直接收（HH/HV）两种极化组合中的一种。由于高风速同极化 VV、HH 数据容易饱和，一般反演实际主要采用交叉极化数据。而 VH/HV 极化差别不大，因此两种极化组合都可选。

5. 观测指令制作与上注

成像模式和雷达工作参数确定后，由中国资源卫星应用中心制作观测指令，并发送至相关单位将指令上注卫星。

6. 数据接收、处理与数据产品分发

卫星数据由高分地面接收网站接收后，传输至中国资源卫星应用中心，由其完成处理后推送至国家卫星海洋应用中心及其他卫星主用户服务器。

7. 台风监测产品处理与分发

国家卫星海洋应用中心接收数据后，生成台风监测产品，与数据产品等一起向其他用户分发。

高风速条件下同极化 SAR 图像雷达后向散射截面容易趋于饱和，而相同条件下交叉极化 SAR 达到饱和上限较高，现有研究表明 C 频段 SAR 交叉极化风速反演的上限为 55 m/s（Zhang and Perrie，2012）。因此，采用的台风风场反演方法是上一章节介绍的 GF-3 卫星 SAR 海面风场反演方法。具体步骤流程如下。

（1）首先进行 SAR 数据后向散射系数计算和定位等预处理。

（2）从 SAR 资料的辅助文件中提取 SAR 各观测像素的雷达波入射角、方位角等信息（作为地球物理模式函数的输入）；利用台风的 SAR 图像上的风条纹、背山风条纹（近岸 SAR 数据）、降雨与海面风作用的图像特性等综合信息提取台风的精确风向。

（3）进行 SAR 海面风速反演。对于 HH 极化的 SAR，利用极化比函数将 HH 极化的后向散射系数转换为 VV 极化条件下的后向散射系数后再进行海面风速反演（Vachon and Wolfe，2011）。

图 4.7 为 GF-3 卫星 SAR 数据（L1 级产品作为输入数据）进行台风风场反演处理的技术流程。

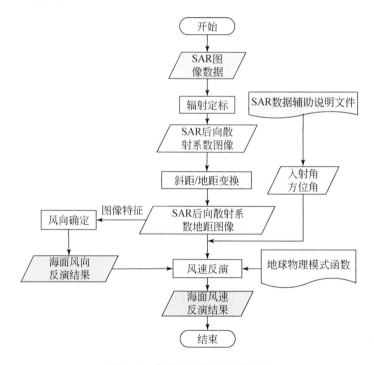

图 4.7　台风监测产品处理流程

GF-3 卫星热带气旋（台风）监测专题产品及信息包括 SAR 台风监测原始图像、台风眼中心的位置、高分辨率海面风场（风速和风向）分布专题图及其对应的数据产品（HDF 数据存储格式）。SAR 台风监测专题图和海面风场反演分布专题图形式分别见图 4.8 和图 4.9。

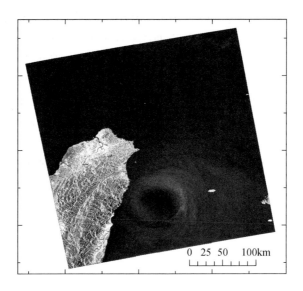

数据源：GF-3 /SAR
观测时间：2017年7月29日 17:58（北京时间）
台风中心位置：24.31°N，122.28°E
制作单位：国家卫星海洋应用中心

图 4.8　　GF-3 卫星 SAR 台风监测专题图示例

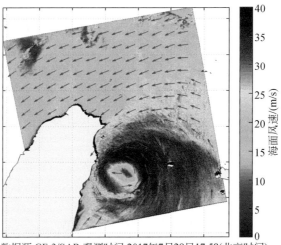

数据源:GF-3/SAR 观测时间:2017年7月29日17:58(北京时间)
制作单位:国家卫星海洋应用中心

图 4.9　　GF-3 卫星 SAR 海面风场反演分布专题图示例

　　GF-3 卫星 SAR 台风监测产品除了监测专题图和海面风场分布专题图外，还同时保存了反演获得的风场数据文件（HDF 格式，图 4.10）。文件存储的数据包括反演获得的风矢量的经纬度、风速大小和风向。

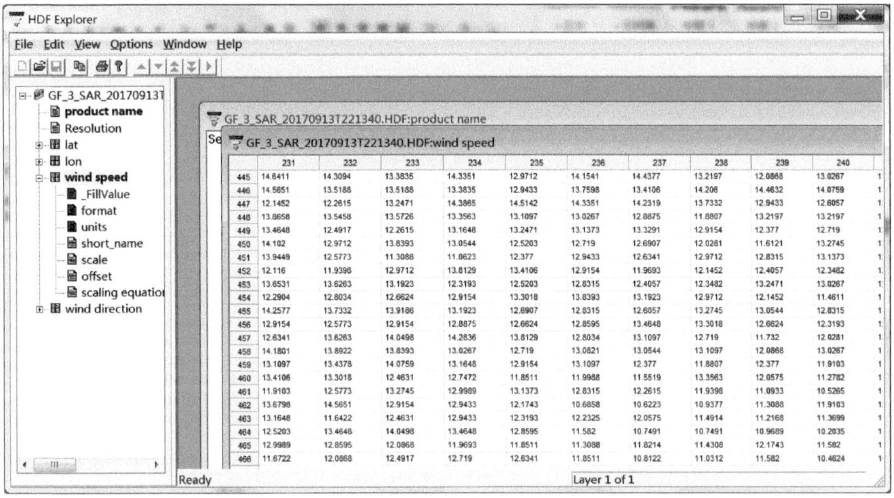

图 4.10　GF-3 卫星 SAR 海面风场反演数据产品示例（HDF 格式）

　　从利用 GF-3 卫星在台风汛期保障期间的台风监测工作情况来看，台风监测数据获取、观测数据质量以及台风监测产品精度均表明 GF-3 卫星在台风监测中具有较强的应用能力与潜能。由于 GF-3 卫星是我国首颗 C 频段 SAR 科研试验卫星，卫星观测的时间分辨率与数据获取的时效性还需要提高。作为 GF-3 卫星的后续业务卫星，两颗 1 m 分辨率 C 频段 SAR 卫星将与 GF-3 卫星组网运行，并对可用于台风监测的扫描模式进行了优化，因此卫星观测的时间分辨率与台风观测数据质量进一步提高。可以预见，随着 GF-3 卫星数据应用深入开展以及 1 m 分辨率 C 频段 SAR 卫星发射，GF-3 卫星将在业务化台风监测中发挥更重要的作用。

5 海洋卫星热带气旋业务化观测

我国热带气旋的海洋观测可利用的海洋卫星包括 HY-1 系列、HY-2 系列卫星和 GF-3 卫星，其中 HY-2 系列卫星微波散射计数据的业务化应用最为成熟。本章以自然资源部国家卫星海洋应用中心利用海洋卫星实现的台风业务化应用为例，介绍海洋卫星热带气旋的业务化观测。

5.1 系统与产品简介

海洋卫星热带气象业务化观测系统主要包括：海洋卫星每日台风专题产品生产制作系统和海洋卫星遥感监测移动服务平台。

海洋卫星每日台风专题产品制作系统是利用 HY-2A/B/C、CFOSAT、HY-1C/D、GF-3、风云系列卫星和欧洲 Metop-A/B 卫星进行台风海面风场和云图监测的台风信息产品，其中 Metop-A/B 卫星数据是和欧洲气象卫星应用组织（EOMETSAT）在数据交换协议框架下实时交换获得。图 5.1 ~ 图 5.3 分别为 HY-

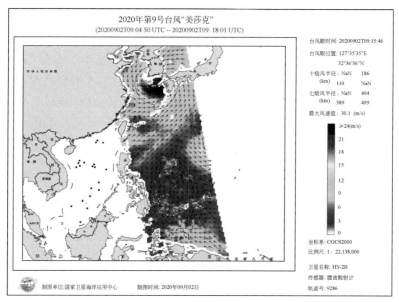

图 5.1　HY-2B 卫星每日台风监测专题产品
观测时间 2020 年 9 月 2 日 09：16（UTC）

2B、CFOSAT 和 Metop-A/B 卫星散射计监测的台风海面风场及台风眼位置、十级和七级风半径、最大风速值等信息专题产品示例。

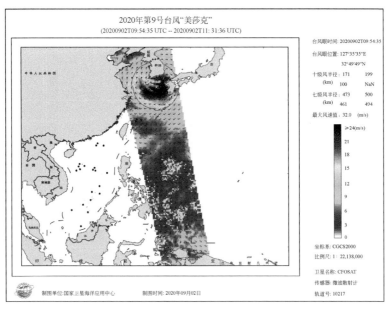

图 5.2 中法海洋卫星（CFOSAT）卫星每日台风监测专题产品
观测时间 2020 年 9 月 2 日 09：54（UTC）

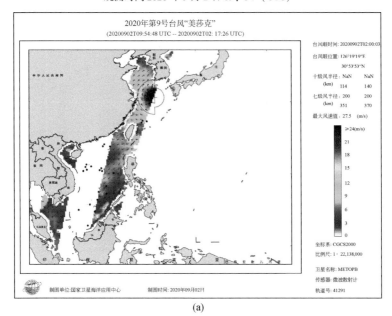

(a)

图 5.3 Metop-A/B 卫星每日台风监测专题产品

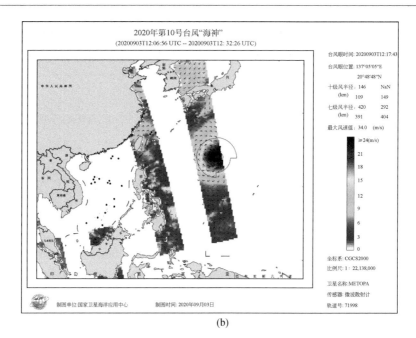

(b)

图 5.3（续）　　Metop-A/B 卫星每日台风监测专题产品

（a）和（b）分别为 Metop-B 和 Metop-A 观测结果，观测时间

分别为 2020 年 9 月 2 日 09：54 和 9 月 3 日 12：18（UTC）

图 5.4　HY-2B 卫星海面风场和风云 2G（FY-2G）卫星云图叠加专题图产品

HY-2B 观测时间 2019 年 2 月 26 日 19：57（UTC），FY-2G 卫星观测时间 2019 年 2 月 26 日 19：00（UTC）

由以上图5.1~图5.3的专题图示例可见，HY-2卫星和CFOSAT卫星的观测幅宽均大于欧洲Metop-A和Metop-B卫星，因此在热带气旋（台风）海面风场观测中，我国海洋卫星，尤其是HY-2系列卫星，具有较大的观测优势，基本上可完整覆盖台风风场，较易获得中心位置、不同风力半径等台风信息。

利用海洋卫星台风海面风场和卫星云图叠加显示，同时制作卫星云图和海面风场叠加信息专题图，可用于台风监测的云图与海面风场的综合信息显示，专题图示例见图5.4。

以上海洋卫星每日台风专题产品通过海洋卫星数据分发系统对公众分发，并通过国家卫星海洋卫星中心网页展示（http://www.nsoas.org.cn）。

5.2 应用服务

为有效利用海洋卫星数据，实现海洋动力监测、海洋水质监测、资源环境监测和防灾减灾服务，为公众、涉海企业以及政府部门提供及时、有效的海洋卫星遥感产品、台风监测服务，自然资源部国家卫星海洋应用中心通过"海洋卫星应用移动服务平台"用于海洋卫星数据展示和应用服务。

海洋卫星应用移动服务平台的数据展示与应用服务通过"海洋卫星遥感实况"微信小程序的方式实现，其小程序卫星二维码见图5.5。

图5.5 "海洋卫星遥感实况"微信小程序二维码

在热带气旋（台风）监测方面，该小程序主要是通过海洋卫星数据进行台风监测，在移动互联网上为公众、涉海企业以及政府部门提供有效的海上实况、实时台风、历史台风路径等信息及海洋卫星产品服务，同时为海洋预报部门提供预报验证支持，以满足移动终端各用户群体的需求，提升公众服务能力。

图 5.6 和图 5.7 分别为"海洋卫星遥感实况"小程序展示的 2021 年第 1 号台风"杜鹃"的多源卫星融合海面风场和 HY-2B 卫星的海面风场。该移动服务平台小程序还支持可视化的局部放大展示，示例见图 5.8 所示。

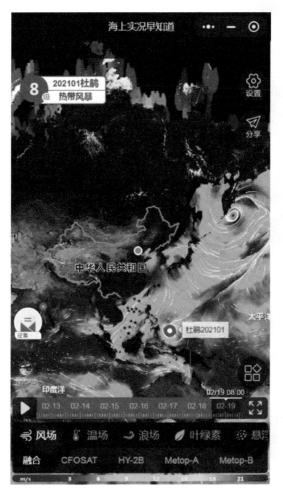

图 5.6 "海洋卫星遥感实况"小程序对 2021 年第 1 号台风"杜鹃"的
多源卫星融合海面风场的展示效果（时间 2021 年 2 月 19 日）

图 5.7　"海洋卫星遥感实况"小程序对 2021 年第 1 号台风"杜鹃"的
HY-2B 卫星海面风场的展示效果（时间 2021 年 2 月 19 日）

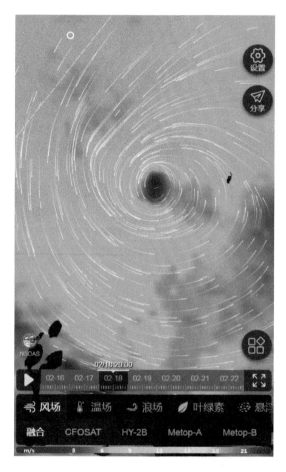

图 5.8　"海洋卫星遥感实况"小程序对 2021 年第 1 号台风
"杜鹃"的海面风场的展示效果（局部放大图）

　　平台同时也支持海表温度场、叶绿素浓度、浪场、海表流场等海洋卫星多要
素的遥感产品展示，提供了多源海洋卫星数据的综合展示与移动应用服务。

参 考 文 献

蒋兴伟，林明森，宋清涛．2013．海洋二号卫星主被动微波遥感探测技术研究．中国工程科学，15（07）：4-11．

蒋兴伟，林明森，张有广．2014．HY-2 卫星地面应用系统综述．中国工程科学，16（06）：4-12．

蒋兴伟，何贤强，林明森，龚芳，叶小敏，潘德炉．2019．中国海洋卫星遥感应用进展．海洋学报，41（10）：113-124．

兰友国，郎姝燕，林明森，邹巨洪．2018．海洋二号卫星 A 星微波散射计在台风遥感监测中的应用．卫星应用，（05）：40-42．

李妍，陈希，费树岷．2009．基于红外卫星云图的台风中心自动定位方法研究．红外，31（3）：11-14．

李燕初，孙瀛．1999．用圆中数滤波器排除卫星散射计风场反演中的风向模糊．台湾海峡，18（1）：42-48．

林明森，郑淑卿，孙瀛．1997．星载散射计资料反演带有气旋及锋面的复杂风场．台湾海峡，16（4）：425-433．

林明森，邹巨洪，解学通，张毅．2013．HY-2A 微波散射计风场反演算法．中国工程科学，15（07）：68-74．

林明森，张毅，宋清涛，解学通，邹巨洪．2014．HY-2 卫星微波散射计在西北太平洋台风监测中的应用研究．中国工程科学，16（06）：46-53．

林明森，袁新哲，刘建强，叶小敏，张庆君，赵亮波，安大伟，彭勇钊．2017．高分三号卫星在台风监测中的应用．航天器工程，26（06）：167-171．

林明森，何贤强，贾永君，白雁，叶小敏，龚芳．2019．中国海洋卫星遥感技术进展．海洋学报，41（10）：99-112．

宋新改，林明森．2006．神经网络反演散射计风场算法的研究．海洋学报，28（1）：42-46．

解学通，郁文贤．2008．基于遗传算法的微波散射计海面风矢量反演研究．海洋通报，27（4）：1-11．

解学通，方裕，陈克海，黄舟，陈斌．2007．SeaWinds 散射计海面风场神经网络建模研究．地理与地理信息科学，23（2）：12-17．

许可，董晓龙，张德海，刘和光，姜景山．2005．HY-2 雷达高度计和微波散射计．遥感技术与应用，20（1）：89-93．

杨典，宋清涛，蒋兴伟，刘宇昕，刘圆．2019．基于散射计风场数据的台风强度诊断方法——以海洋二号卫星数据为例．海洋学报，41（1）：151-159．

叶小敏．2021．海上降雨微波散射机理及其在 SAR 海洋探测中的应用．北京：海洋出版社．

叶小敏，林明森，梁超，邹亚荣，袁新哲. 2018. 基于 SAR 图像雨团足印的海面风向提取方法. 海洋学报，40（04）：41-50.

张庆红，韦青，陈联寿. 2010. 登陆中国大陆台风影响力研究. 中国科学：地球科学，7：127-132.

张庆君. 2017. 高分三号卫星总体设计与关键技术. 测绘学报，46（3）：269-277.

张毅，林明森，宋清涛，解学通，邹巨洪. 2013. 海洋二号卫星微波散射计数据预处理技术研究. 中国工程科学，15（07）：62-67.

周旋，杨晓峰，李紫薇，杨晓峰，毕海波，马胜. 2014. 基于星载 SAR 数据的台风参数估计及风场构建. 中国科学：地球科学，2：355-366.

朱素云，刘浩，董晓龙. 2007. 海洋二号有效载荷微波散射计数据处理系统的设计. 遥感技术与应用，22（2）：152-154.

邹巨洪，林明森，邹斌，郭茂华，崔松雪. 2015. HY-2 卫星散射计热带气旋自动识别算法. 海洋学报，37（01）：73-79.

Chelton D B, Freilich M H. 2005. Scatterometer-based assessment of 10-m wind analyses from the operational ECMWF and NCEP numerical weather prediction models. American Meteorological Society, 133（2）：409-429.

Chelton D B, Freilich M H, Sienkiewichz J M, Von Ahn J M. 2006. On the use of QuikSCAT scatterometer measurements of surface winds for marine weather prediction. American Meteorological Society, 34：2055-2071.

Chi C, Li F. 1988. A comparative study of several wind estimation algorithms for spaceborne scatterometers. IEEE Transactions on Geoscience and Remote Sensing, 26（2）：115-121.

Figa J, Stoffelen A. 2000. On the assimilation of Ku-Band scatterometer winds for weather analysis and forecasting. IEEE transactions on geoscience and remote sensing, 38（4）：1893-1902.

Friedman K S, Li X. 2000. Monitoring hurricanes over the ocean with wide swath SAR, Johns Hopkins APL Technical Digest, vol. 21, no. 1.

Huang L, Li X, Liu B, Zhang J, Shen D, Zhang Z, Yu W. 2018. Tropical cyclone boundary layer rolls in synthetic aperture radar imagery. Journal Geophysical Research：Oceans, 123（4）：2981-2996.

Hwang P, Stoffelen A, van Zadelhoff G J, Van, Perrie W, Zhang B. 2015. Cross-polarization geophysical model function for C-band radar backscattering from the ocean surface and wind speed retrieval. Journal of Geophysical Research Oceans, 120（2）：893-909.

Isaksen L, Stoffelen A. 2000. ERS scatterometer wind data impact on ECMWF′s tropical cyclone forecasts. IEEE Transactions on Geoscience and Remote Sensing, 38（4）：1885-1892.

Joan M, Sienkiewicz M. 2006 Operational impact of QuikSCAT winds at the NOAA ocean prediction center. American Meteorological Society, 21（4）：523-539.

Katsaros K B, Vachon P W, Liu W T, Black P G. 2002. Microwave Remote Sensing of Tropical Cyclones from Space. Journal of Oceanography, 58：137-151.

Kristina B, Evan B. 2001. QuikSCAT′s SeaWinds facilitates early identification of tropical depressions in 1999 hurricane season . Geophysical Research Letters, 28（6）: 1043-1046.

Li X. 2015. The first sentinel-1 SAR image of a typhoon. Acta Oceanologica Sinica, 34（1）: 1-2.

Lin H, Xu Q, Zheng Q. 2008. An overview on SAR measurements of sea surface wind. Progress in Natural Science: Materials International, 18（8）: 913-919.

Lin M, Ye X, Yuan X. 2017. The first quantitative joint observation of typhoon by Chinese GF-3 SAR and HY-2A microwave scatterometer, Acta Oceanologica Sinica, 36（11）: 1-3.

Liu K, He S, Pan Y, Yang J. 2014. Observations of typhoon eye using SAR and IR sensors. International Journal of Remote Sensing, 35（11-12）: 3944-3977.

Schultz H. 1990. A circular median filter approach for resolving directional ambiguities in wind fields retrieved from spaceborne scatterometer data. Journal of Geophysical Research, 95（C4）: 5291-5303.

Shen H, Perrie W, He Y. 2007. A new hurricane wind retrieval algorithm for SAR images. Geophysical Research Letter, 34（1）: 221-256.

Shen H, Perrie W, He Y. 2009. On SAR wind speed ambiguities and related geophysical model functions. Canadian Journal of Remote Sensing, 35（3）: 310-319.

Shen H, Perrie W, He Y, Liu G. 2014. Wind speed retrieval from VH dual-polarization RADARSAT-2 SAR Images. IEEE Transactions on Geoscience and Remote Sensing, 52（9）: 5820-5826.

Soisuvarn S, Jelenak Z, Chang P S, Alsweiss S O, Zhu Q. 2013. CMOD5. H—A high wind geophysical model function for C-Band vertically polarized satellite scatterometer measurements. IEEE Transactions Geoscience and Remote Sensing, 51（6）: 3744-3760.

Stoffelen A, Verspeek J A, Vogelzang J, Verhoef A. 2017. The CMOD7 geophysical model function for ASCAT and ERS wind retrieval. IEEE Journal of Selected Topics in Applied Earth Observations and Remote Sensing, 10（5）: 2123-2134.

Vachon P W, Wolfe J. 2011. C-band cross-polarization wind speed retrieval. IEEE Geoscience and Remote Sensing Letters, 3: 456-459.

Williams B A, Long D G. 2008. Estimation of hurricane winds from seawinds at ultrahigh resolution. IEEE Transactions on Geoscience and Remote Sensing, 46（10）: 2924-2935.

Xu F, Li X, Wang P, Yang J, Pichel W G, Jin Y. 2015. A backscattering model of rainfall over rough sea surface for Synthetic Aperture Radar. IEEE Transactions on Geoscience and Remote Sensing, vol. 53, no. 6, pp. 3042-3054.

Ye X, Lin M, Yuan X, Ding J, Xie X, Zhang Y, Xu Y. 2016. Satellite SAR observation of the sea surface wind field caused by rain cells. Acta Oceanologica Sinica, 35（9）: 80-85.

Ye X, Lin M, Zheng Q, Yuan X, Liang C, Zhang B, Zhang J. 2019. A typhoon wind-field retrieval method for the dual-polarization SAR imagery, IEEE Geoscience and Remote Sensing Letters, 16（10）: 1511-1555.

Ye X, Liu J, Lin M, Ding J, Zou B, Song Q. 2020. Global ocean chlorophyll-a concentrations derived from COCTS onboard the HY-1C satellite and their preliminary evaluation, IEEE Transactions on Geoscience and Remote Sensing, doi: 10. 1109/TGRS. 2020. 3036963.

Ye X, Liu J, Lin M, Ding J, Zou B, Song Q. 2021. Sea surface temperatures derived from COCTS onboard the HY-1C satellite. IEEE Journal of Selected Topics in Applied Earth Observations and Remote Sensing, 14: 1038-1047.

Yueh S H, Stiles B W, Liu W T. 2003. QuikSCAT wind retrievals for tropical cyclones. IEEE Transactions on Geoscience and Remote Sensing, 41 (11): 2616-2628.

Zhang B, Perrie W. 2012. Cross-Polarized Synthetic Aperture Radar: a new potential measurement technique for hurricanes. Bulletin of the American Meteorological Society, 93 (4): 531-541.

Zhang B, Perrie W, Zhang J, Uhlhorn E W, He Y. 2014. High-resolution hurricane vector winds from C-band dual-polarization SAR observations. Journal of Atmospheric and Oceanic Technology, 31 (2): 272-286.

Zhang G, Perrie W, Li X, Zhang J. 2017. A hurricane morphology and sea surface wind vector estimation model based on C-Band cross-polarization SAR imagery. IEEE Transactions on Geoscience and Remote Sensing, 55 (3): 1743-1751.

Zhang Q, Liu Y. 2017. Overview of Chinese first C band multi-polarization SAR satellite GF-3. Aerospace China, 18 (3): 22-31.

Zou J, Lin M, Pan D, Chen Z, Yang L. 2009. Applications of QuikSCAT in typhoon observation and tracking. Journal of Remote Sensing, 13 (5): 840-846.

附录1 HY-1C/D卫星台风监测图

HY-1C卫星和HY-1D卫星主遥感载荷包括水色水温扫描仪（COCTS）和紫外成像仪（UVI）。COCTS两个热红外通道数据可一天四次观测获得同一热带气旋的亮温分布，UVI紫外通道数据也能对同一个热带气旋的紫外波段的辐亮度分布。利用COCTS和UVI的时间序列观测，可以得到热带气旋的移动路径和速度。

本附录为HY-1C和HY-1D卫星对2020年第22号强台风"环高"（Vamco，国际标号2022）进入南海并在南海区域移动过程的监测图（附图1.1，附图1.2）。

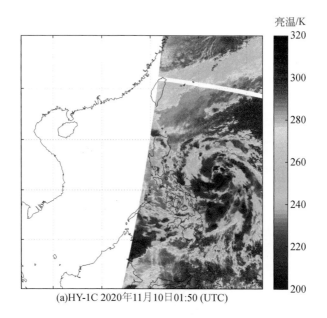

(a)HY-1C 2020年11月10日01:50 (UTC)

附图1.1　HY-1C和HY-1D卫星COCTS的热红外波段（第9波段，10.8 μm）对2020年第22号强台风"环高"进入南海并在南海区域移动过程的监测图

亮温/K

(b)HY-1D 2020年11月10日 04:25 (UTC)

亮温/K

(c)HY-1C 2020年11月10日14:30 (UTC)

附图1.1（续）　　HY-1C 和 HY-1D 卫星 COCTS 的热红外波段（第9波段，10.8 μm）
对 2020 年第 22 号强台风"环高"进入南海并在南海区域移动过程的监测图

亮温/K

(d)HY-1D 2020年11月10日 16:50 (UTC)

亮温/K

(e)HY-1C 2020年11月11日 02:55 (UTC)

附图 1.1（续）　HY-1C 和 HY-1D 卫星 COCTS 的热红外波段（第 9 波段，10.8 μm）
对 2020 年第 22 号强台风"环高"进入南海并在南海区域移动过程的监测图

(f)HY-1D 2020年11月11日 05:35 (UTC)

(g)HY-1C 2020年11月11日 14:00 (UTC)

附图 1.1（续）　HY-1C 和 HY-1D 卫星 COCTS 的热红外波段（第 9 波段，10.8 μm）
对 2020 年第 22 号强台风"环高"进入南海并在南海区域移动过程的监测图

亮温/K

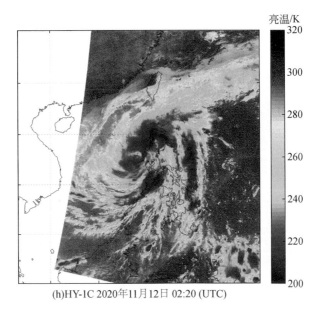

(h)HY-1C 2020年11月12日 02:20 (UTC)

亮温/K

(i)HY-1D 2020年11月12日 05:00 (UTC)

附图1.1（续） HY-1C 和 HY-1D 卫星 COCTS 的热红外波段（第9波段，10.8 μm）对 2020 年第 22 号强台风"环高"进入南海并在南海区域移动过程的监测图

(j)HY-1C 2020年11月12日 15:00 (UTC)

(k)HY-1D 2020年11月12日 17:20 (UTC)

附图 1.1（续）　　HY-1C 和 HY-1D 卫星 COCTS 的热红外波段（第 9 波段，10.8 μm）
对 2020 年第 22 号强台风"环高"进入南海并在南海区域移动过程的监测图

(l)HY-1C 2020年11月13日 03:25 (UTC)

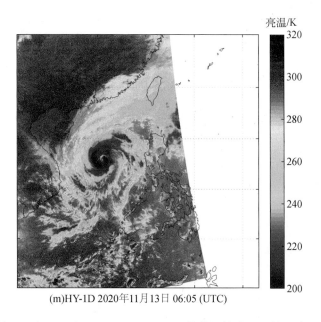

(m)HY-1D 2020年11月13日 06:05 (UTC)

附图1.1（续） HY-1C和HY-1D卫星COCTS的热红外波段（第9波段，10.8 μm）
对2020年第22号强台风"环高"进入南海并在南海区域移动过程的监测图

(n)HY-1C 2020年11月13日 14:30 (UTC)

(o)HY-1D 2020年11月13日 18:30 (UTC)

附图 1.1（续）　HY-1C 和 HY-1D 卫星 COCTS 的热红外波段（第 9 波段，10.8 μm）
对 2020 年第 22 号强台风"环高"进入南海并在南海区域移动过程的监测图

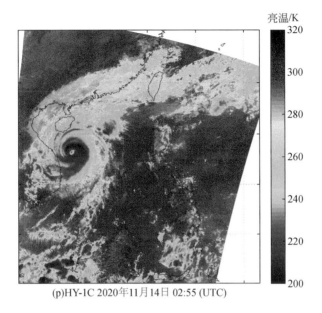

亮温/K

(p)HY-1C 2020年11月14日 02:55 (UTC)

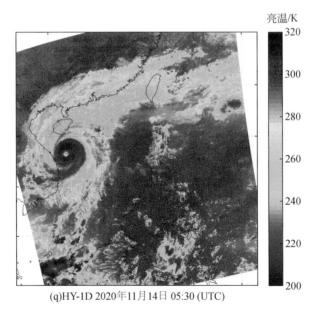

亮温/K

(q)HY-1D 2020年11月14日 05:30 (UTC)

附图 1.1（续） HY-1C 和 HY-1D 卫星 COCTS 的热红外波段（第 9 波段，10.8 μm）对 2020 年第 22 号强台风"环高"进入南海并在南海区域移动过程的监测图

亮温/K

(r)HY-1C 2020年11月14日 15:35 (UTC)

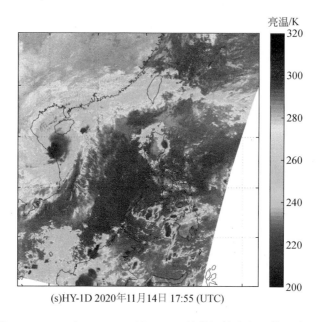

亮温/K

(s)HY-1D 2020年11月14日 17:55 (UTC)

附图1.1（续）　HY-1C 和 HY-1D 卫星 COCTS 的热红外波段（第9波段，10.8 μm）
对2020年第22号强台风"环高"进入南海并在南海区域移动过程的监测图

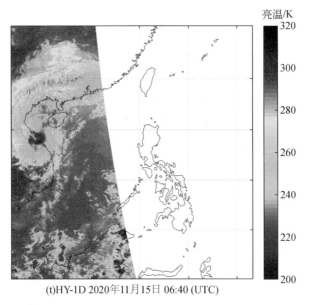

(t)HY-1D 2020年11月15日 06:40 (UTC)

附图 1.1 （续）　　HY-1C 和 HY-1D 卫星 COCTS 的热红外波段（第9波段，10.8 μm）
对 2020 年第 22 号强台风"环高"进入南海并在南海区域移动过程的监测图

(a)HY-1C 2020年11月10日01:50 (UTC)

附图 1.2　HY-1C 和 HY-1D 卫星 UVI 的紫外高动态波段（第 2 波段，385 nm）
对 2020 年第 22 号强台风"环高"进入南海并在南海区域移动过程监测图

辐亮度/(mW
·cm⁻²·μm⁻¹·Sr⁻¹)

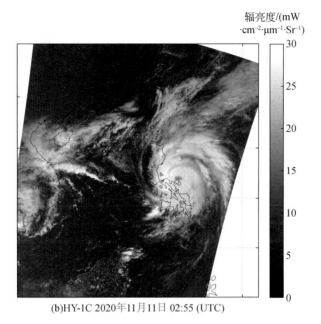

(b)HY-1C 2020年11月11日 02:55 (UTC)

辐亮度/(mW
·cm⁻²·μm⁻¹·Sr⁻¹)

(c)HY-1D 2020年11月11日 05:35 (UTC)

附图 1.2（续）　　HY-1C 和 HY-1D 卫星 UVI 的紫外高动态波段（第 2 波段，385 nm）
对 2020 年第 22 号强台风"环高"进入南海并在南海区域移动过程监测图

(d)HY-1D 2020年11月12日 05:00 (UTC)

(e)HY-1C 2020年11月13日 03:25 (UTC)

附图1.2（续）　HY-1C 和 HY-1D 卫星 UVI 的紫外高动态波段（第 2 波段，385 nm）
对 2020 年第 22 号强台风"环高"进入南海并在南海区域移动过程监测图

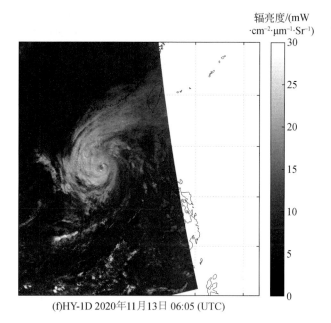

(f)HY-1D 2020年11月13日 06:05 (UTC)

(g)HY-1C 2020年11月14日 02:55 (UTC)

附图1.2（续）　HY-1C 和 HY-1D 卫星 UVI 的紫外高动态波段（第 2 波段，385 nm）对 2020 年第 22 号强台风"环高"进入南海并在南海区域移动过程监测图

(h)HY-1D 2020年11月14日 05:30 (UTC)

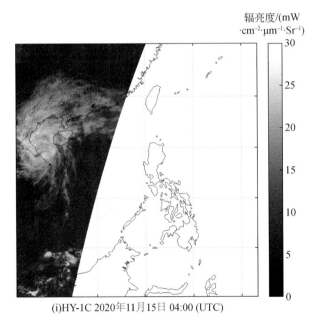

(i)HY-1C 2020年11月15日 04:00 (UTC)

附图 1.2（续）　HY-1C 和 HY-1D 卫星 UVI 的紫外高动态波段（第 2 波段，385 nm）对 2020 年第 22 号强台风"环高"进入南海并在南海区域移动过程监测图

附录 2　HY-2A 卫星台风监测图

星载微波散射计海面风场观测具有全天候、全天时、全球观测的特点，在台风监测中发挥了独特的作用。本附录展示了 HY-2A 卫星 2012 年对我国产生影响的 24 次台风过程监测结果。在每个台风生命周期内完成捕捉 1~5 次，最多达 15 次，共获取台风观测数据 148 轨。本附录选取每次台风监测中具有代表性的数据绘制海面风场图，辅以相关文字描述和中央气象台发布的台风实况图，较为翔实地展现了每次台风的过程。

本附录是 2012 年 HY-2A 微波散射计台风监测图集资料，是 HY-2 卫星台风业务监测的成果之一，以集中展示 HY-2A 微波散射计的海面风场观测能力。

通过本附录可加深读者对 HY-2A 微波散射计仪器性能的直观认识，可用于了解和关注 HY-2A 微波散射计的运行情况，进而思考如何更好地应用 HY-2A 微波散射计的观测数据。

1. 2012 年第 1 号台风 "帕卡"

2012 年第 1 号热带风暴 "帕卡"（附图 2.1）于 3 月 29 日上午在南海南部海

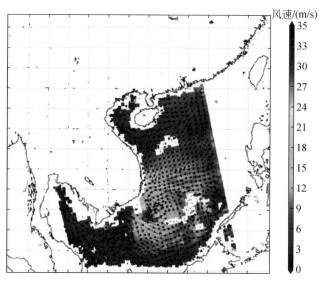

附图 2.1　2012 年第 1 号台风 "帕卡" HY-2A 卫星微波散射计海面风场
观测时间 2012 年 3 月 30 日 10：40（UTC）

面生成，30 日上午加强为强热带风暴，4 月 1 日凌晨减弱为热带风暴，1 日 16 时在越南巴地头顿省沿海登陆，2 日早晨在柬埔寨东部减弱为热带低压，中央气象台于 2 日 8 时对其停止编号（中央气象台）。

2. 2012 年第 2 号台风"珊瑚"

2012 年第 2 号热带风暴"珊瑚"（附图 2.2）于 5 月 22 日 8 时在美国关岛以西大约 70 千米的西北太平洋洋面上生成，23 日 17 时加强为强热带风暴，24 日晚上加强为台风，27 日凌晨减弱为强热带风暴，中央气象台于 27 日 8 时对其停止编号（中央气象台）。

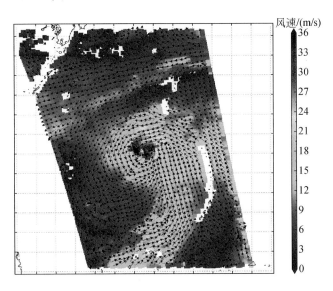

附图 2.2　2012 年第 2 号台风"珊瑚"HY-2A 卫星微波散射计海面风场
观测时间 2012 年 5 月 24 日 08：38（UTC）

3. 2012 年第 3 号台风"玛娃"

2012 年第 3 号强热带风暴"玛娃"（附图 2.3）于 6 月 1 日 14 时在菲律宾以东洋面生成，6 月 6 日下午在日本东南方的西北太平洋洋面上迅速减弱，并变性为温带气旋，中央气象台于 6 月 6 日 14 时对其停止编号（中央气象台）。

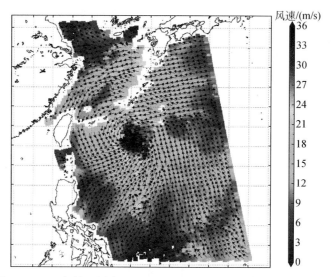

附图 2.3 2012 年第 3 号台风"玛娃"HY-2A 卫星微波散射计海面风场

观测时间 2012 年 6 月 4 日 09：17（UTC）

4. 2012 年第 4 号台风"古超"

2012 年第 4 号热带风暴"古超"（附图 2.4）于 6 月 12 日 14 时在菲律宾以东洋面生成，向西偏北方向移动，6 月 20 日凌晨从日本福岛县移入日本以东洋面，逐渐变性为温带气旋，中央气象台于 6 月 20 日 2 时对其停止编号（中央气象台）。

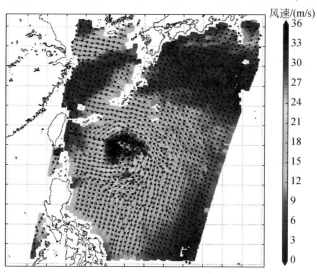

附图 2.4 2012 年第 4 号台风"古超"HY-2A 卫星微波散射计海面风场

观测时间 2012 年 6 月 17 日 21：42（UTC）

5. 2012 年第 5 号台风"泰利"

2012 年第 5 号强热带风暴"泰利"（附图 2.5）于 6 月 17 日 23 时编号，19 日中午加强为强热带风暴，20 日 5 时减弱为热带风暴，20 日 15 时"泰利"再次加强为强热带风暴，于 21 日凌晨前后从台湾海峡进入东海，随即减弱为热带风暴，21 日 5 时继续减弱为热带低压，中央气象台 21 日 8 时对其停止编号（中央气象台）。

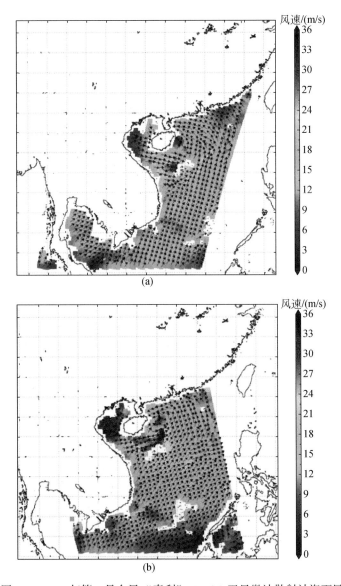

附图 2.5　2012 年第 5 号台风"泰利"HY-2A 卫星微波散射计海面风场

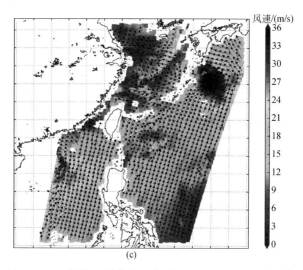

附图 2.5（续）　2012 年第 5 号台风 "泰利" HY-2A 卫星微波散射计海面风场

（a）~（c）观测时间分别为 2012 年 6 月 16 日 23：06（UTC）、

6 月 17 日 10：33（UTC）和 6 月 18 日 22：06（UTC）

6. 2012 年第 6 号台风 "杜苏芮"

2012 年第 6 号台风 "杜苏芮"（附图 2.6）于 6 月 26 日在菲律宾以东洋面生成，28 日穿过巴士海峡，它是 2012 年首个登陆我国的热带气旋，其路径和速度都相对稳定，不过由于其强度较弱、影响时间较短，带来的风雨影响也不是很大（中央气象台）。

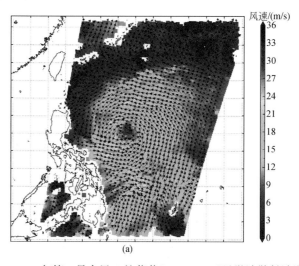

附图 2.6　2012 年第 6 号台风 "杜苏芮" HY-2A 卫星微波散射计海面风场

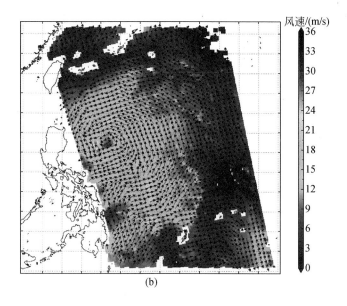

(b)

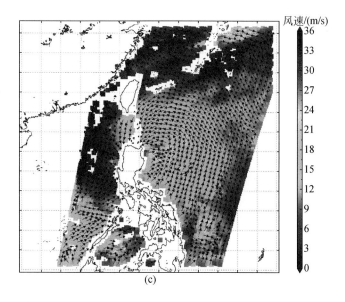

(c)

附图 2.6（续） 2012 年第 6 号台风"杜苏芮" HY-2A 卫星微波散射计海面风场

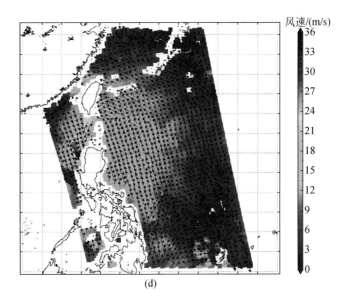

(d)

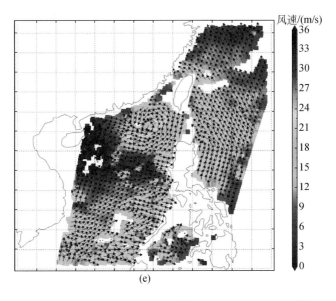

(e)

附图 2.6（续）　2012 年第 6 号台风"杜苏芮"HY-2A 卫星微波散射计海面风场

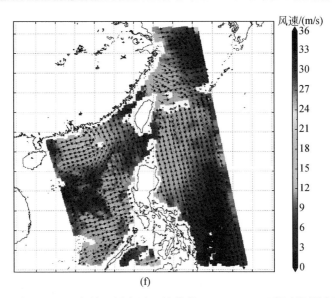

(f)

附图 2.6（续）　　2012 年第 6 号台风"杜苏芮"HY-2A 卫星微波散射计海面风场

（a）～（f）观测时间分别为 2012 年 6 月 26 日 21：38（UTC）、6 月 27 日 09：04（UTC）、
6 月 27 日 22：01（UTC）、6 月 28 日 09：28（UTC）、6 月 28 日 22：22（UTC）和 6 月 29 日 09：53（UTC）

7. 2012 年第 7 号台风"卡努"

2012 年第 7 号热带风暴"卡努"（附图 2.7）于 7 月 16 日 14 时编号，17 日 22

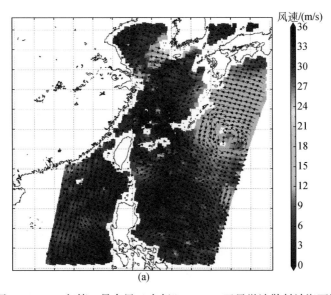

(a)

附图 2.7　2012 年第 7 号台风"卡努"HY-2A 卫星微波散射计海面风场

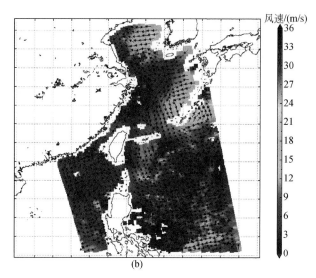

附图 2.7（续）　2012 年第 7 号台风"卡努"HY-2A 卫星微波散射计海面风场

（a）、（b）观测时间分别为 2012 年 7 月 16 日 22：06（UTC）和 7 月 17 日 09：41（UTC）

时左右穿过冲绳海域，18 日 19 时前后登陆韩国济州岛南部沿海，19 日 4 时前后再次登陆韩国忠清南道沿海，中央气象台于 19 日 8 时对其停止编号（中央气象台）。

8. 2012 年第 8 号台风"韦森特"

2012 年第 8 号台风"韦森特"（附图 2.8）于 7 月 20 日 8 时在菲律宾东部海

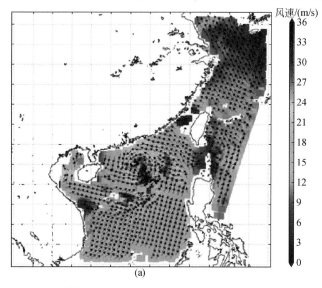

附图 2.8　2012 年第 8 号台风"韦森特"HY-2A 卫星微波散射计海面风场

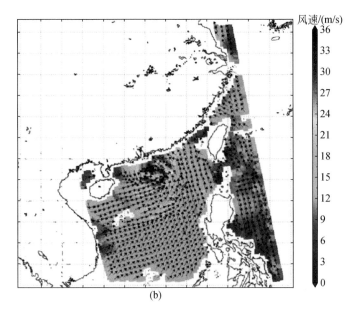

(b)

附图 2.8（续）　2012 年第 8 号台风"韦森特"HY-2A 卫星微波散射计海面风场

（a）、（b）观测时间分别为 2012 年 7 月 22 日 22：37（UTC）和 7 月 23 日 10：08（UTC）

域生成，21 日 23 时在南海东北部海面上加强为热带风暴，22 日 17 时加强为强热带风暴，23 日 10 时加强为台风。24 日 4 时 15 分前后，"韦森特"在广东省台山市赤溪镇沿海登陆，登陆时中心附近最大风力有 13 级（40m/s），成为了 2012 年以来登陆我国最强的台风（中央气象台）。

9. 2012 年第 9 号台风"苏拉"

2012 年第 9 号台风"苏拉"（附图 2.9）于 8 月 1 日 22 时加强为强台风，并于 8 月 2 日 3 时 15 分前后在台湾省花莲市秀林乡沿海登陆，登陆时中心附近最大风力有 14 级（42m/s）。登陆后的"苏拉"很快减弱为台风，3 日凌晨减弱为强热带风暴，并于 3 日 6 时 50 分前后在福建省福鼎市秦屿镇沿海二次登陆，登陆后继续深入福建，10 时减弱为热带风暴，最终于 3 日晚上停止编号（中央气象台）。"苏拉"海面风场图见本书图 3.3 所示。

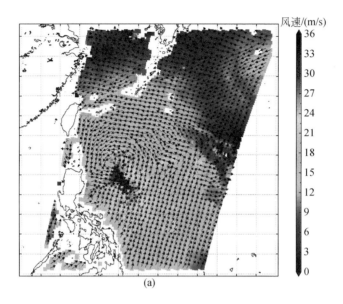

(a)

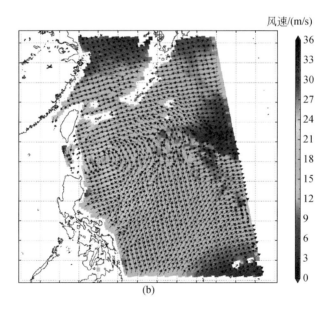

(b)

附图 2.9　2012 年第 9 号台风 "苏拉" HY-2A 卫星微波散射计海面风场

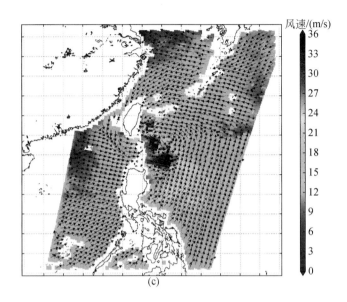

(c)

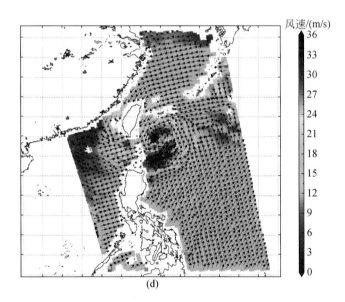

(d)

附图 2.9（续）　　2012 年第 9 号台风"苏拉"HY-2A 卫星微波散射计海面风场

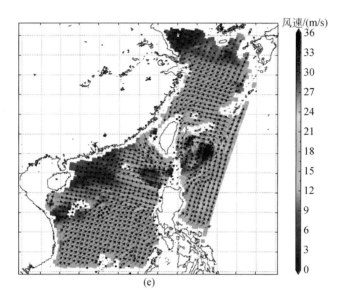

(e)

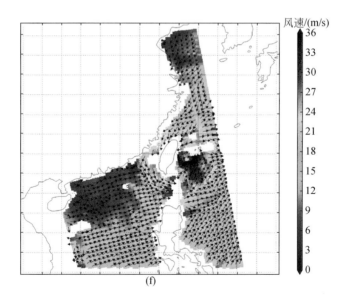

(f)

附图2.9（续）　2012 年第 9 号台风"苏拉"HY-2A 卫星微波散射计海面风场

（a）～（f）观测时间分别为 2012 年 7 月 29 日 21：48（UTC）、7 月 30 日 09：19（UTC）、7 月 30 日 22：11（UTC）、7 月 31 日 09：40（UTC）、7 月 31 日 22：30（UTC）和 8 月 1 日 09：59（UTC）

10. 2012 年第 10 号台风"达维"

2012 年第 10 号台风"达维"（附图 2.10）信息见本书 3.4 节描述，海面风场如附图 2.10。

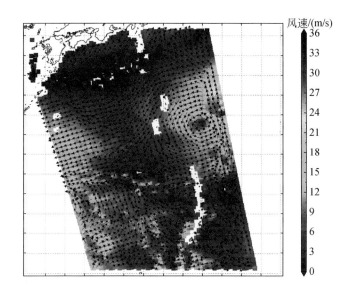

附图 2.10　2012 年第 10 号台风"达维"HY-2A 卫星微波散射计海面风场
观测时间为 2012 年 7 月 28 日 08：28（UTC）

11. 2012 年第 11 号台风"海葵"

2012 年第 11 号强台风"海葵"（附图 2.11）于 8 月 3 日 8 时在日本冲绳县东偏南方约 1360 km 的西北太平洋洋面上生成。5 日在进入我国东海东部海域后，其强度则逐渐加强，于 6 日下午加强为台风，7 日下午加强为强台风。8 月 8 日 3 时 20 分前后"海葵"在浙江象山县鹤浦镇沿海登陆，成为 2007 年来首个正面袭击浙江的台风（中央气象台）。

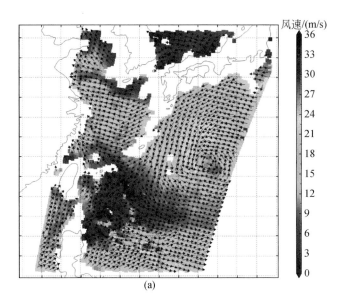

(a)

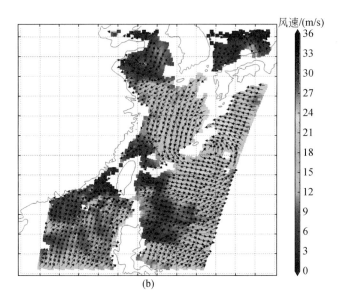

(b)

附图 2.11　2012 年第 11 号台风"海葵"HY-2A 卫星微波散射计海面风场

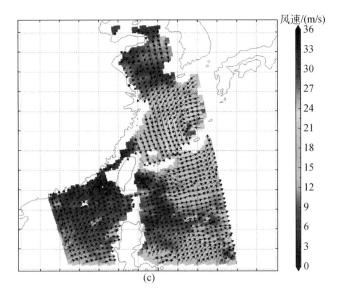

(c)

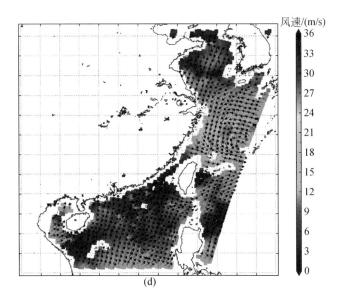

(d)

附图 2.11（续）　2012 年第 11 号台风"海葵"HY-2A 卫星微波散射计海面风场

（a）~（d）观测时间分别为 2012 年 8 月 3 日 21：47（UTC）、8 月 4 日 22：12（UTC）、

8 月 5 日 09：45（UTC）和 8 月 5 日 22：33（UTC）

12. 2012 年第 12 号台风"鸿雁"

2012 年第 12 号热带风暴"鸿雁"（附图 2.12）于 8 月 8 日 14 时生成，向西北方向移动，"鸿雁"的强度不大，台风中心最大风力维持在 18 m/s 左右，8 月 10 日下午在日本北海道东部海面变性为温带气旋，中央气象台于 8 月 10 日 14 时对其停止编号（中央气象台）。

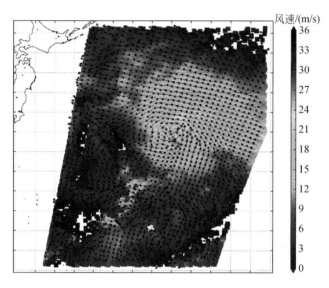

附图 2.12　2012 年第 12 号台风"鸿雁"HY-2A 卫星微波散射计海面风场
观测时间为 2012 年 8 月 8 日 20：08（UTC）

13. 2012 年第 13 号台风"启德"

2012 年第 13 号热带风暴"启德"（附图 2.13）在菲律宾以东洋面上生成。14 日 23 时在菲律宾吕宋岛近海加强为强热带风暴，15 日 4 时前后在菲律宾吕宋岛帕拉南附近沿海登陆。登陆后的"启德"强度未减，继续加强，并于 15 日 17 时进入南海东北部海面，逐渐向广东沿海靠近。16 日，"启德"在南海北部海面加强为台风，于 17 日 12 时 30 分前后在广东省湛江市麻章区湖光镇沿海第二次登陆，登陆广东后，"启德"穿过雷州半岛，进入北部湾海面。17 日 21 时前后，在中越边境交界处沿海第三次登陆（中央气象台）。

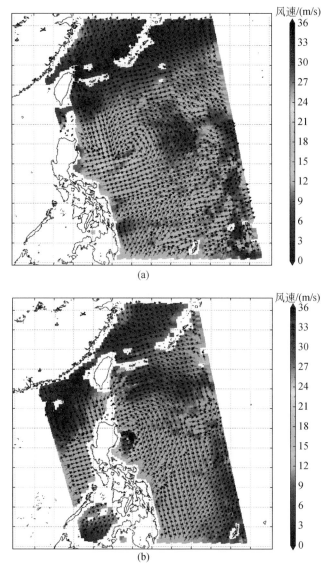

附图 2.13　2012 年第 13 号台风"启德"HY-2A 卫星微波散射计海面风场
（a）、（b）观测时间分别为 2012 年 8 月 13 日 09：17（UTC）和 8 月 14 日 09：36（UTC）

14. 2012 年第 14 号台风"天秤"

2012 年第 14 号热带风暴"天秤"（附图 2.14）于 8 月 19 日 8 时在菲律宾以东洋面上生成，20 日 14 时发展为强台风，22 日曾一度减弱为台风，23 日再度加强，24 日 5 时 15 分在台湾省屏东县牡丹乡登陆，登陆时中心附近最大风力有 14

级（45 m/s）；24 日 8 时从台湾省屏东县入海，9 时减弱为台风，25 日强度曾短暂减弱为强热带风暴，25 日至 26 日一直在南海东北部海域回旋，28 日凌晨擦过台湾鹅銮鼻沿海进入台湾东部近海，同日晚上进入东海；后继续北上于 30 日 9 时 30 分在韩国全罗南道南部沿海登陆，登陆时中心附近最大风力有 9 级（23 m/s），30 日 14 时中央气象台对其停止编号（中央气象台）。

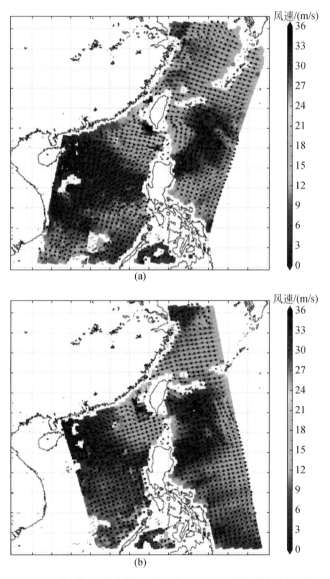

附图 2.14　2012 年第 14 号台风"天秤"HY-2A 卫星微波散射计海面风场

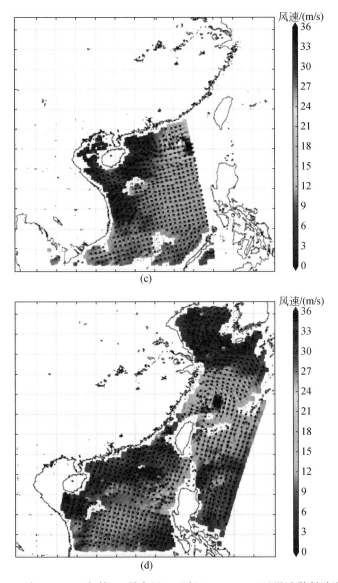

附图 2.14（续）　　2012 年第 14 号台风"天秤"HY-2A 卫星微波散射计海面风场

（a）～（d）观测时间分别为 2012 年 8 月 23 日 22：20（UTC）、8 月 24 日 09：51（UTC）、

8 月 26 日 10：36（UTC）和 8 月 28 日 22：28（UTC）

15. 2012 年第 15 号台风"布拉万"

2012 年第 15 号热带风暴"布拉万"（附图 2.15）于 8 月 20 日 14 时在西北太平洋洋面上生成，生成后向西北偏西方向移动，强度不断加强，22 日 5 时发展为台风，24 日 2 时加强为强台风，25 日 17 时进一步加强为超强台风，26 日夜里进入东海，强度缓慢减弱，27 日晚上减弱为台风，28 日凌晨进入黄海南部海面，28 日 20 时"天秤"在朝鲜西部近海减弱为强热带风暴，随后于 22 时 50 分前后在朝鲜西北部的平安北道南部沿海登陆，登陆时中心附近最大风力有 10 级（28 m/s）（中央气象台）。

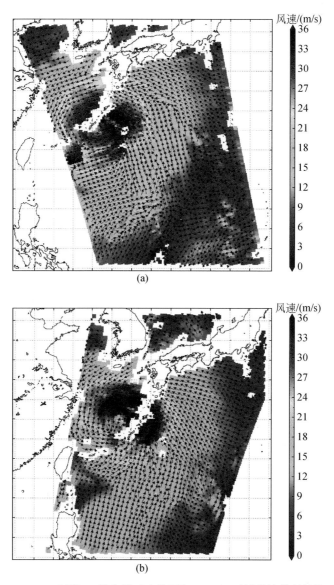

附图 2.15　2012 年第 15 号台风"布拉万"HY-2A 卫星微波散射计海面风场

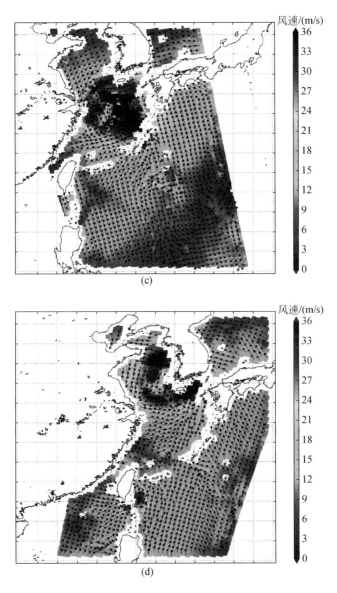

附图 2.15（续）　2012 年第 15 号台风"布拉万"HY-2A 卫星微波散射计海面风场

（a）~（d）观测时间分别为 2012 年 8 月 26 日 08：55（UTC）、8 月 26 日 21：43（UTC）、

8 月 27 日 09：16（UTC）和 8 月 27 日 22：02（UTC）

16. 2012 年第 16 号台风"三巴"

2012 年第 16 号热带风暴"三巴"（附图 2.16）于 9 月 11 日 8 时在菲律宾以

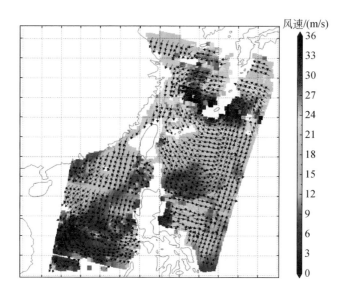

附图 2.16　2012 年第 16 号台风 "三巴" HY-2A 卫星微波散射计海面风场

观测时间为 2012 年 9 月 15 日 22：15 （UTC）

东洋面上生成，生成后的 "三巴" 向北偏西方移动，强度逐渐加强，12 日 14 时加强为强热带风暴，20 时加强为台风，13 日 11 时又加强为强台风，仅仅 6 小时过后，17 时再加强为超强台风。在持续 3 天超强台风强度（13 日 17 时至 16 日 17 时）后，"三巴" 于 16 日 20 时减弱为强台风，随后 17 日 10 时减弱为台风，并于 11 时前后在韩国庆尚南道西南部一带沿海登陆，登陆时中心附近最大风力有 13 级（38 m/s）（中央气象台）。

17. 2012 年第 17 号台风 "杰拉华"

2012 年第 17 号热带风暴 "杰拉华"（附图 2.17）于 9 月 21 日 2 时在菲律宾以东洋面上生成，生成后的 "杰拉华" 向北偏东方移动，强度逐渐加强，"杰拉华" 于 10 月 1 日下午在日本以东洋面变性为温带气旋，中央气象台对其停止编号（中央气象台）。

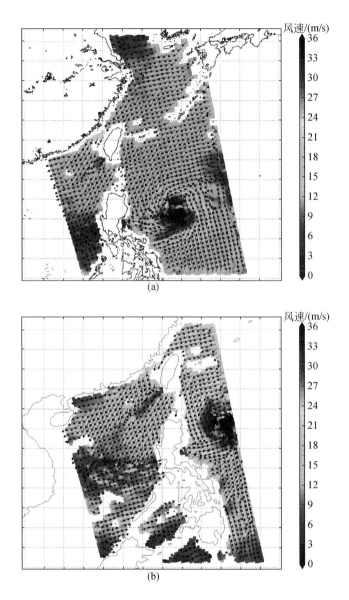

附图 2.17　2012 年第 17 号台风"杰拉华"HY-2A 卫星微波散射计海面风场

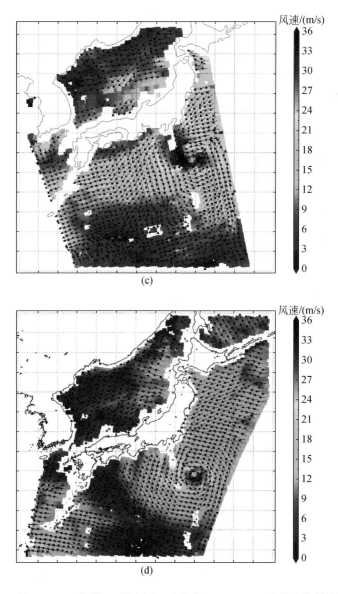

附图 2.17（续）　　2012 年第 17 号台风"杰拉华"HY-2A 卫星微波散射计海面风场

（a）～（d）观测时间分别为 2012 年 9 月 25 日 09：40（UTC）、9 月 26 日 09：58（UTC）、

9 月 27 日 08：41（UTC）和 9 月 27 日 21：28（UTC）

18. 2012 年第 18 号台风"艾云尼"

2012 年第 18 号热带风暴"艾云尼"（附图 2.18）于 9 月 24 日 20 时在西太

平洋生成，生成后向东北方向移动，28 日 14 时，台风中心最大风速约为 28m/s，于 29 日夜间减弱，并变性为温带气旋，中央气象台于 30 日 2 时停止对其编号（中央气象台）。

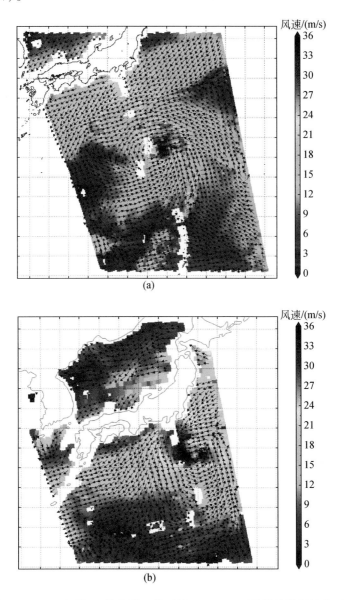

附图 2.18　2012 年第 18 号台风"艾云尼"HY-2A 卫星微波散射计海面风场

（a）、（b）观测时间分别为 2012 年 9 月 26 日 08：20（UTC）和 9 月 27 日 08：41（UTC）

19. 2012 年第 19 号台风"马力斯"

2012 年第 19 号热带风暴"马力斯"（附图 2.19）于 10 月 1 日在太平洋面上生成，先往西北方向移动，10 月 3 日 8 时逐渐转向东北方向，10 月 4 日上午在日本以东洋面变性为温带气旋，中央气象台于 4 日 8 时对其停止编号（中央气象台）。

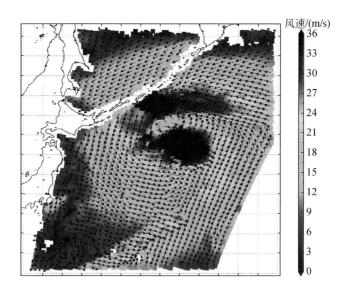

附图 2.19　2012 年第 19 号台风"马力斯"HY-2A 卫星微波散射计海面风场
观测时间为 2012 年 10 月 4 日 20：35（UTC）

20. 2012 年第 20 号台风"格美"

2012 年第 20 号热带风暴"格美"（附图 2.20）于 10 月 1 日在南海生成，于 6 日晚在越南南部多乐省境内减弱为热带低压，7 日 2 时其中心位于越南和柬埔寨交界处附近。"格美"强度持续减弱，中央气象台 7 日 2 时对其停止编号（中央气象台）。

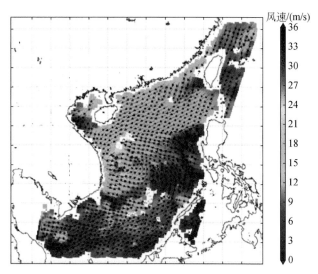

附图 2.20　2012 年第 20 号台风 "格美" HY-2A 卫星微波散射计海面风场

观测时间为 2012 年 10 月 5 日 22：46（UTC）

21. 2012 年第 21 号台风 "派比安"

2012 年第 21 号热带风暴 "派比安"（附图 2.21）于 10 月 7 日 20 时在菲律宾以东洋面上生成，逐渐往北偏东方向移动，"派比安" 是历时较长的一次台风，在台湾东南部海域回旋打转后逐渐向东北方向移动，10 月 18 日后变为温带气旋，中央气象台对其停止编号（中央气象台）。

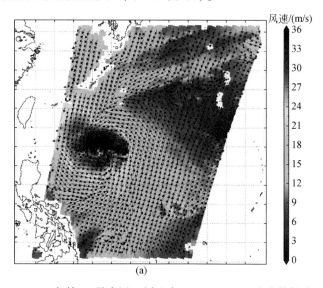

(a)

附图 2.21　2012 年第 21 号台风 "派比安" HY-2A 卫星微波散射计海面风场

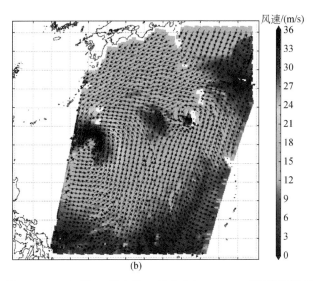

(b)

附图 2.21（续）　2012 年第 21 号台风"派比安"HY-2A 卫星微波散射计海面风场

（a）、（b）观测时间分别为 2012 年 10 月 11 日 21：28（UTC）和 10 月 15 日 21：14（UTC）

22. 2012 年第 22 号台风"玛莉亚"

2012 年第 22 号热带风暴"玛莉亚"（附图 2.22）于 10 月 19 日上午在西北太平洋洋面上减弱为热带低压，预计其强度将继续减弱，中央气象台于 19 日 8 时对其停止编号。此前，其中心位于日本东京东偏南方大约 1690 km 的西北太平洋洋面上（中央气象台）。

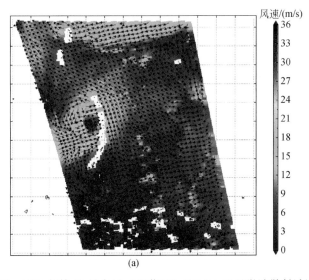

(a)

附图 2.22　2012 年第 22 号台风"玛莉亚"HY-2A 卫星微波散射计海面风场

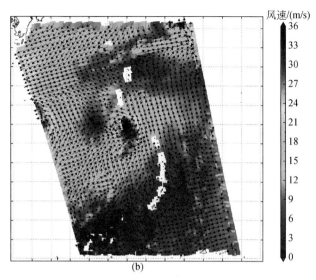

附图 2.22 (续) 2012 年第 22 号台风"玛莉亚"HY-2A 卫星微波散射计海面风场

(a)、(b) 观测时间分别为 2012 年 10 月 14 日 08:02 (UTC) 和 10 月 15 日 08:26 (UTC)

23. 2012 年第 23 号台风"山神"

2012 年第 23 号热带风暴"山神"(附图 2.23)于 10 月 23 日 19 时在菲律宾以东洋面生成,并于 24 日 18 时前后在菲律宾萨马岛南部沿海登陆。25 日下午进入南海东部海域,26 日早晨加强为强热带风暴,27 日凌晨加强为台风,27 日晚加强为强台风,28 日 8 时减弱为台风,28 日 23 时 30 分前后在越南南定省沿海登陆(中央气象台)。

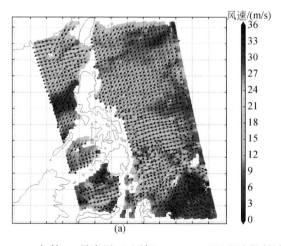

附图 2.23 2012 年第 23 号台风"山神"HY-2A 卫星微波散射计海面风场

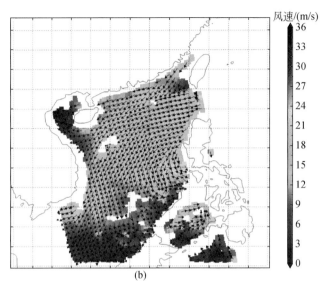

附图2.23（续）　2012年第23号台风"山神"HY-2A卫星微波散射计海面风场

（a）、（b）观测时间分别为2012年10月23日09：35（UTC）和10月25日10：21（UTC）

24. 2012 年第 24 号台风"宝霞"

2012年第24号超强台风"宝霞"（附图2.24）的中心12月3日17时位于菲律宾马尼拉东南方大约1240 km的西北太平洋洋面上。"宝霞"以25 km/h左

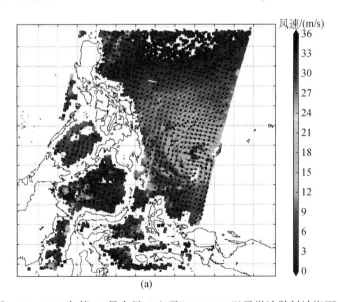

附图2.24　2012年第24号台风"宝霞"HY-2A卫星微波散射计海面风场

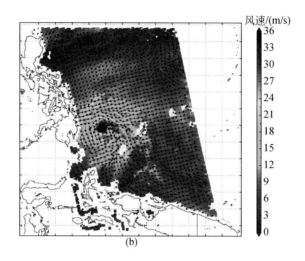

附图 2.24（续）　2012 年第 24 号台风"宝霞"HY-2A 卫星微波散射计海面风场

（a）、（b）观测时间分别为 2012 年 12 月 2 日 21：51（UTC）和 12 月 3 日 09：12（UTC）

右的速度继续向西偏北方向移动，强度缓慢减弱，于 4 日凌晨到上午在菲律宾棉兰老岛东部沿海登陆，给菲律宾中南部带来严重的风雨影响（中央气象台）。

附录3 GF-3 卫星 SAR 台风监测图

高分三号（GF-3）卫星扫描成像模式（窄幅扫描、宽幅扫描、全球观测成像）图像可对海上的热带气旋进行全覆盖成像观测，提供精确的热带气旋中心位置，实现对热带气旋海面风场和降雨强度的高分辨率监测，为热带气旋路径、台风强度预报提供监测信息，为防灾减灾提供重要基础资料。

2017 年，利用 GF-3 卫星 SAR 实现了对我国影响较大的 6 个台风系统的精细监测，包括 2017 年第 5 号台风"奥鹿"、第 9 号台风"纳沙"、第 13 号台风"天鸽"、第 18 号台风"泰利"、第 19 号台风"杜苏芮"和第 20 号台风"卡努"。采用海面风场 SAR 反演技术，实现了对该 6 个台风的海面风场分布信息的提取。共处理了包含台风中心的 GF-3 卫星多极化 SAR 台风监测数据图像 22 景，RADARSAT-2 卫星多极化 SAR 图像 2 景。

本附录汇总了 2017 年 GF-3 卫星 SAR 台风监测图、台风眼位置和海面风场信息提取结果；同时搜集了台风的命名由来、生消过程和影响等信息。以下资料介绍的 GF-3 卫星 SAR 的台风监测情况可为后续 GF-3 卫星以及后续 1 米 C-SAR 卫星台风监测相关研究及业务应用工作提供参考。

1. 2017 第 9 号台风"纳沙"（NESAT）

台风"纳沙"（英语：Typhoon Nesat，国际编号：1709；联合台风警报中心：11W；菲律宾大气地球物理和天文服务管理局：Gorio）为 2017 年太平洋台风季第 9 个被命名的热带风暴。"纳沙"一名由柬埔寨提供，名字意义即渔夫。

"纳沙"于 2017 年 7 月 21 日在帕劳附近海面上生成，此后强度不断加强，于 2017 年 7 月 28 日达到台风级别。2017 年 7 月 29 日 19 时 40 分"纳沙"在台湾宜兰东部沿海登陆；2017 年 7 月 30 日 6 时在福建福清沿海再次登陆（33 m/s，12 级）。

受"纳沙"影响，多班来往香港及台湾的航班取消。截至 2017 年 7 月 30 日 6 时，受台风"纳沙"影响，福建东北部、浙江东南等地出现暴雨，浙江温州、福建宁德局地大暴雨（100~133 mm）；台湾东北部和南部出现大暴雨，局地雨量有 400~600 mm；福建东部和浙江东部沿海出现 8~9 级瞬时大风，福建东北部和浙江东南部沿海 10~12 级。厦门沿岸地带、海边休闲度假区、景区、景点 17 点之前全部关闭，客渡船按恶劣天气要求及时停航。30 日多趟途经福厦动车将停运。

GF-3 卫星于北京时间 2017 年 7 月 30 日 17 时 58 分对台风"纳沙"进行了观

测（附图 3.1），获取了中国台湾岛以东海域 300 km×300 km 覆盖范围的台风结构（附图 3.2）。该 SAR 观测时刻，台风眼中心位置为 24.31°N，122.28°E，最大风速约 40 m/s。

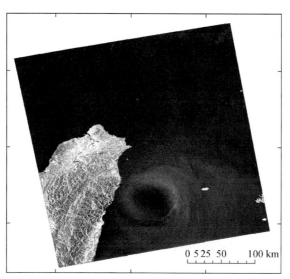

附图 3.1　2017 年第 9 号台风"纳沙"GF-3 卫星 SAR 图像

窄幅扫描成像模式，VV 极化，分辨率 50 m，覆盖范围 300 km×300 km，成像中心时刻 2017 年 7 月 29 日 09：58（UTC），台风眼中心位置：24.31°N，122.28°E

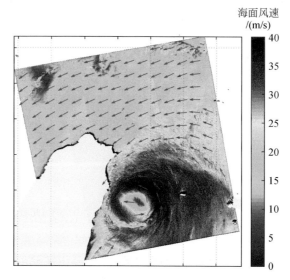

附图 3.2　2017 年第 9 号台风"纳沙"GF-3 卫星 SAR 海面风场反演结果

观测中心时刻 2017 年 7 月 29 日 09：58（UTC）

2. 2017 第 5 号台风"奥鹿"（NORU）

强台风"奥鹿"（英语：Typhoon Noru，国际编号：1705；联合台风警报中心：07W）为 2017 年太平洋台风季第 5 个被命名的风暴，亦是 2017 年首个达到台风强度的热带气旋。"奥鹿"一名由韩国提供，名字意义即狍鹿。"奥鹿"是一个强大、生命长久的热带气旋。

"奥鹿"于 2017 年 7 月 18 日在威克岛西北方海面上生成。7 月 31 日，"奥鹿"升格为强台风。8 月 4～5 日，"奥鹿"到达朝鲜副高边缘，即将受到日本海副高的引导而转向东北方向移动，使其有机会在黑潮上方异常温暖的海水上重整结构并有所加强。在琉球群岛以东洋面，"奥鹿"的风眼再度成环，对流亦进一步紧缩，中央气象台再次将其升格为强台风。8 月 7 日上午 10 时左右从鹿儿岛登陆日本，中心最大风速为 35 m/s，瞬间最大风速可达 50 m/s。同日 14 时 30 分，"奥鹿"在日本本州岛和歌山县沿海再次登陆，中心最大风速为 33 m/s，瞬间最大风速达 45 m/s。

"奥鹿"在日本鹿儿岛县共造成 2 人死亡，在日本多个地区造成 36 人受伤。

GF-3 卫星分别于北京时间 2017 年 8 月 3 日 5 时 7 分、8 月 4 日 17 时 11 分、

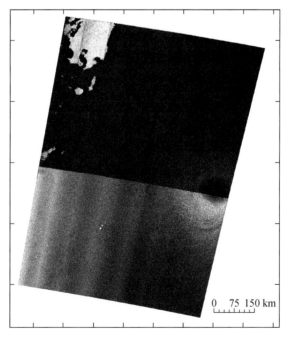

附图 3.3　2017 年第 5 号台风"奥鹿"GF-3 卫星 SAR 图像
全球观测成像模式，VH 极化，分辨率 500 m，覆盖范围 650 km×1000 km，成像中心
时刻 2017 年 8 月 2 日 21：07（UTC），台风眼中心位置：27.06°N，135.05°E

8 月 5 日 5 时 25 分, 分别对台风 "奥鹿" 进行了观测, 获取了这些观测时刻的台风结构。北京时间 2017 年 8 月 3 日 5 时 7 分, 台风眼中心位置为 27.06°N, 135.05°E (附图 3.3); 北京时间 2017 年 8 月 4 日 17 时 11 分, 台风眼中心位置为 28.86°N, 130.87°E, 最大风速约为 40 m/s (附图 3.4); 北京时间 2017 年 8 月 5 日 5 时 25 分, 台风眼中心位置为 29.52°N, 130.40°E (附图 3.5、附图 3.6)。

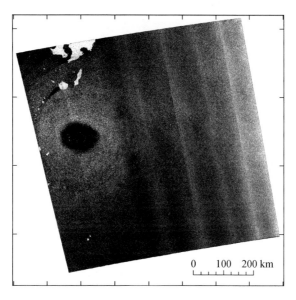

附图 3.4　2017 年第 5 号台风 "奥鹿" GF-3 卫星 SAR 图像

全球观测成像模式, VH 极化, 分辨率 500 m, 覆盖范围 650 km×700 km, 成像中心
时刻 2017 年 8 月 4 日 09: 11 (UTC), 台风眼中心位置: 28.86°N, 130.87°E

3. 2017 年第 13 号台风 "天鸽" (HATO)

强台风 "天鸽" (英语: Severe Typhoon Hato, 国际编号: 1713; 联合台风警报中心: 15W; 菲律宾大气地球物理和天文管理局: Isang) 为 2017 年太平洋台风季第 13 个被命名的风暴。"天鸽" 一名由日本提供, 是首次使用, 名字意义即天鸽座, 是一种星座, 位于天兔座以南。

2017 年 8 月 20 日 14 时, "天鸽" 在西北太平洋洋面上生成。之后强度不断加强, 8 月 22 日 8 时加强为强热带风暴, 15 时加强为台风, 8 月 23 日 7 时加强为强台风, 一天连跳两级, 最强达 15 级 (48 m/s), 12 时 50 分前后以强台风级 (14 级, 45 m/s) 在中国广东省珠海市登陆, 8 月 24 日 14 时减弱为热带低压。

台风经过的广东中东部海面和南海北部海域出现了 6～10 m 的巨浪, 严重威胁沿海低洼地区人员和设施安全。截至 2017 年 8 月 24 日凌晨 4 时 30 分, "天

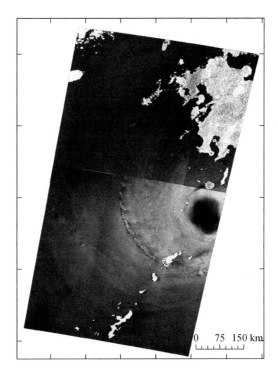

附图 3.5　2017 年第 5 号台风"奥鹿"GF-3 卫星 SAR 图像

宽幅扫描成像模式，VH 极化，分辨率 100 m，覆盖范围 500 km×970 km，成像中心
时刻 2017 年 8 月 4 日 21：25（UTC），台风眼中心位置：29.52°N，130.40°E

鸽"袭击澳门导致 8 人死亡 153 人受伤。截至 24 日 15 时，受"天鸽"影响，广东省珠海、中山、江门、广州、茂名、阳江、佛山、东莞等市受灾，因灾死亡 9人，直接经济损失 118.4545 亿元，农作物受灾面积 75.7004 万亩（1 亩约等于666.667 m²），受灾人口 44.6271 万人，转移人口 53.5306 万人，倒塌房屋 6425间。截至 24 日晚 8 时，台风灾害对广西壮族自治区贵港市港南区、南宁市上林县、钦州市灵山县等地区造成 17.8 万人受灾，紧急转移安置 7852 人，横县有 1人因台风导致的滑坡死亡。同时，农作物受灾面积 8450 公顷，倒塌房屋 51 户 86间。台风造成的直接经济损失共计 1.27 亿元。

　　GF-3 卫星分别于北京时间 2017 年 8 月 22 日 18 时 4 分和 8 月 23 日 6 时 23 分对台风"天鸽"进行了观测。GF-3 卫星 SAR 于 2017 年 8 月 22 日 18 时 4 分仅捕捉到台风结构的东半侧，该时刻台风眼中心位置为 20.35°N，117.92°E（附图 3.7、附图 3.8）；而 2017 年 8 月 23 日 6 时 23 分，GF-3 卫星 SAR 则覆盖了台风中心距岸仅约 120 km 时的完整台风结构，覆盖范围为 500 km×700 km，该时刻台风眼中心位置为 21.37°N，114.91°E，最大风速约 35 m/s（附图 3.9、附图 3.10）。

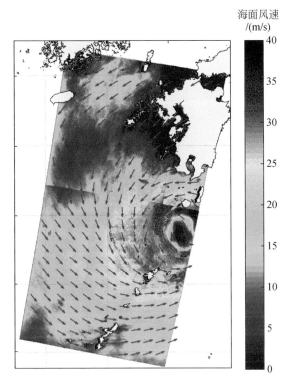

附图 3.6　2017 年第 5 号台风"奥鹿"GF-3 卫星 SAR 海面风场反演结果

观测中心时刻 2017 年 8 月 4 日 21：25（UTC）

附图 3.7　2017 年第 13 号台风"天鸽"GF-3 卫星 SAR 图像

宽幅扫描成像模式，图像为 VV 极化（右侧）和 VH 极化（左侧）拼图，分辨率 100 m，覆盖范围
500 km×400 km，成像中心时刻 2017 年 8 月 22 日 10：04（UTC），台风眼中心位置：20.35°N，117.92°E

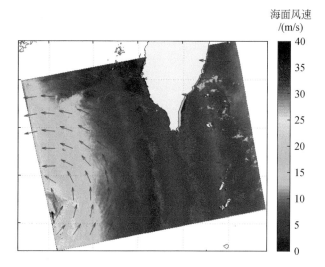

附图 3.8　2017 年第 13 号台风"天鸽" GF-3 卫星 SAR 海面风场反演结果
观测中心时刻 2017 年 8 月 22 日 10：04（UTC）

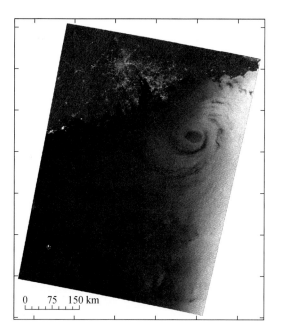

附图 3.9　2017 年第 13 号台风"天鸽" GF-3 卫星 SAR 图像
宽幅扫描成像模式，VV 极化，分辨率 100 m，覆盖范围 500 km×700 km，成像中心
时刻 2017 年 8 月 22 日 22：23（UTC），台风眼中心位置：21.37°N，114.91°E

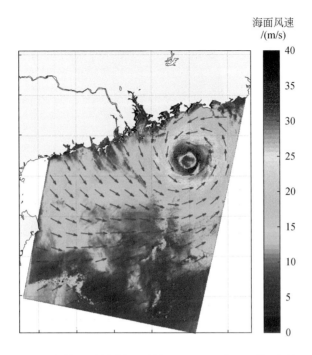

附图 3.10　2017 年第 13 号台风"天鸽" GF-3 卫星 SAR 海面风场反演结果
观测中心时刻 2017 年 8 月 22 日 22：23（UTC）

4. 2017 年第 18 号台风"泰利"（TALIM）

超强台风"泰利"（英语：Super Typhoon Talim，国际编号：1718；联合台风警报中心：20W；菲律宾地球大气物理和天文服务管理局：Lannie）为 2017 年太平洋台风季第 18 个被命名的风暴。"泰利"一名由菲律宾提供，名字意为明显的边缘。

"泰利"于 2017 年 9 月 6 日在科斯雷岛东北方海面上生成，9 月 13 日加强为强台风，进入东海中部，9 月 17 日 10 时 30 分，以台风级在日本九州岛第一次登陆，当日下午，"泰利"以强热带风暴级第二次登陆日本四国岛，当日晚上，"泰利"以强热带风暴级第三次登陆日本本州岛，9 月 18 日上午，"泰利"以强热带风暴级第四次登陆日本北海道。

GF-3 卫星分别于北京时间 2017 年 9 月 15 日 5 时 28 分、9 月 16 日 17 时 33 分对台风"泰利"进行了观测。北京时间 2017 年 9 月 15 日 5 时 28 分，台风眼中心位置为 27.89°N，124.42°E（附图 3.11）；北京时间 9 月 16 日 17 时 33 分，台风眼中心位置为 29.05°N，127.26°E，该时刻台风眼较大，其直径约为 180 km，最大风速约为 35 m/s（附图 3.12、附图 3.13）。

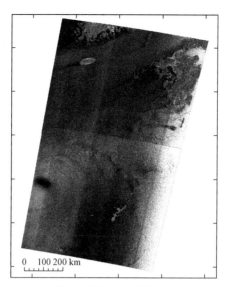

附图 3.11　2017 年第 18 号台风"泰利"GF-3 卫星 SAR 图像

全球观测成像模式，VV 极化，分辨率 500 m，覆盖范围 650 km×1 200 km，成像中心

时刻 2017 年 9 月 14 日 21：28（UTC），台风眼中心位置：27.89°N，124.42°E

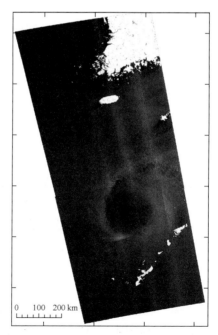

附图 3.12　2017 年第 18 号台风"泰利"GF-3 卫星 SAR 图像

宽幅扫描成像模式，VV 极化，分辨率 100 m，覆盖范围 500 km×1300 km，成像中心

时刻 2017 年 9 月 16 日 09：33（UTC），台风眼中心位置：29.05°N，127.26°E

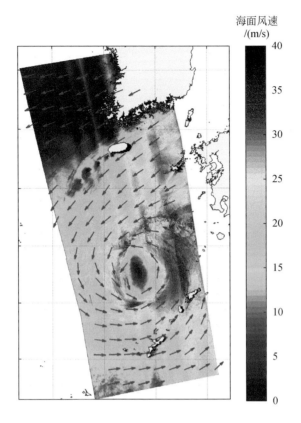

海面风速
/(m/s)

附图 3.13　2017 年第 18 号台风 "泰利" GF-3 卫星 SAR 海面风场反演结果
观测中心时刻 2017 年 9 月 16 日 09：33（UTC）

5. 2017 年第 19 号台风 "杜苏芮"（DUKSURI）

强台风 "杜苏芮"（英语：Typhoon Doksuri，国际编号：1719；联合台风警报中心：21W；菲律宾大气地球物理和天文服务管理局：Maring）为 2017 年太平洋台风季第 19 个被命名的风暴。"杜苏芮" 一名由韩国提供，名字意为秃鹫。

"杜苏芮" 于 2017 年 9 月 10 日于帕劳北方海面开始生成，9 月 12 日升格为热带风暴。9 月 14 日，升格为台风。2017 年 9 月 14 日夜间到 15 日早晨，"杜苏芮" 掠过海南南部海面。9 月 15 日 12 时 "杜苏芮" 以强台风级在越南北部沿海登陆。受台风 "杜苏芮" 影响，进出海南省的多趟列车调准运行方案或停运。

GF-3 卫星分别于北京时间 2017 年 9 月 14 日 6 时 14 分、9 月 15 日 7 时 11 分分别对台风 "杜苏芮" 进行了观测。北京时间 2017 年 9 月 14 日 6 时 14 分，台风眼中心位置为 15.82°N，112.56°E（附图 3.14、附图 3.15）；北京时间 9 月 15

日 7 时 11 分，台风眼中心位置为 17.55°N，107.58°E，最大风速约为 40 m/s（附图 3.16、附图 3.17）。

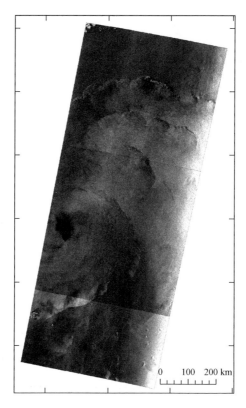

附图 3.14　2017 年第 19 号台风"杜苏芮"GF-3 卫星 SAR 图像
宽幅扫描成像模式，VV 极化，分辨率 100 m，覆盖范围 500 km×1 200 km，成像中心
时刻 2017 年 9 月 13 日 22：14（UTC），台风眼中心位置：15.82°N，112.56°E

6. 2017 年第 20 号台风"卡努"（KHANUN）

强台风"卡努"（英语：Severe Typhoon Khanun，国际编号：1720；联合台风警报中心：24W；菲律宾大气地球物理和天文服务管理局：Odette）为 2017 年太平洋台风季第 20 个被命名的风暴。"卡努"一名由泰国提供，名字意为波罗蜜果。

2017 年 10 月 11 日 20 时在菲律宾以东洋面形成的热带低压。而后强度不断加强，10 月 12 日 17 时加强为热带风暴，10 月 13 日 3 时登陆菲律宾吕宋岛，随后移入南海，13 日 23 时加强为强热带风暴，10 月 14 日 22 时加强为台风，10 月 15 日 12 时加强为强台风，尔后开始减弱，10 月 16 日 3 时 25 分以强热带风暴级

海面风速
/(m/s)

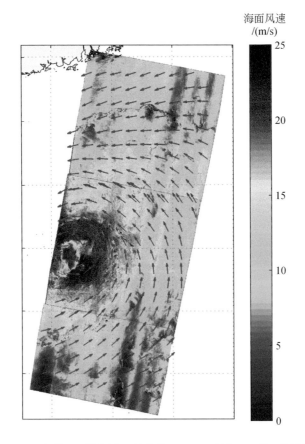

附图 3.15　2017 年第 19 号台风 "杜苏芮" GF-3 卫星 SAR 海面风场反演结果

观测中心时刻 2017 年 9 月 13 日 22：14（UTC）

登陆广东徐闻，登陆时中心附近最大风力有 10 级（28 m/s）。

　2017 年 10 月 15 日，台风 "卡努" 袭香港期间，有 22 名市民受伤，接获 80 宗塌树报告。据民政部门初步统计，台风 "卡努" 分别给湛江、茂名两地造成直接经济损失 8.25 亿元、0.23 亿元，两市经济损失共计 8.48 亿元。

　GF-3 卫星于北京时间 2017 年 10 月 14 日 18 时 11 分对台风 "卡努" 进行了观测，观测覆盖范围为 520 km×650 km，该观测时刻台风眼中心位置为 18.18°N，118.05°E，最大风速约 30 m/s（附图 3.18、附图 3.19）。

　利用加拿大的 RADARSAT-2 卫星 SAR，于北京时间 2017 年 10 月 15 日 18 时 36 分对台风 "卡努" 也进行了观测，此时台风眼中心位置移至 20.59°N，112.47°E，RADARSAT-2 卫星 SAR 对台风的观测覆盖范围为 450 km×520 km，此时最大风速约 35 m/s（附图 3.20、附图 3.21）。

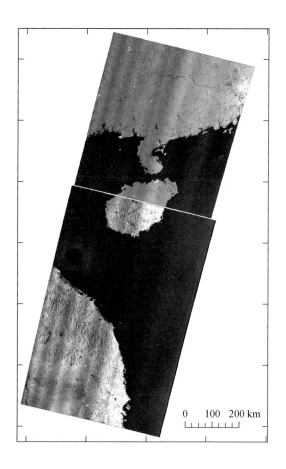

附图 3.16　2017 年第 19 号台风 "杜苏芮" GF-3 卫星 SAR 图像
宽幅扫描成像模式，VH 极化，分辨率 100 m，覆盖范围 500 km×1 400 km，成像中心
时刻 2017 年 9 月 14 日 23：11（UTC），台风眼中心位置：17.55°N，107.58°E

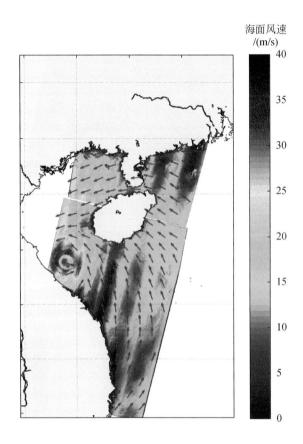

海面风速
/(m/s)

附图 3.17　2017 年第 19 号台风"杜苏芮"GF-3 卫星 SAR 海面风场反演结果
观测中心时刻 2017 年 9 月 14 日 23：11（UTC）

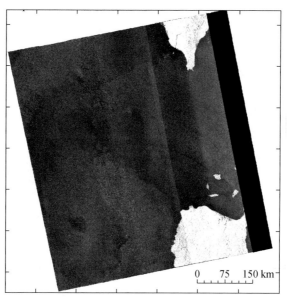

附图 3.18　2017 年第 20 号台风"卡努"GF-3 卫星 SAR 图像

全球观测成像模式，VH 极化，分辨率 500 m，覆盖范围 520 km×650 km，成像中心
时刻 2017 年 10 月 14 日 10：11（UTC），台风眼中心位置：18.18°N，118.05°E

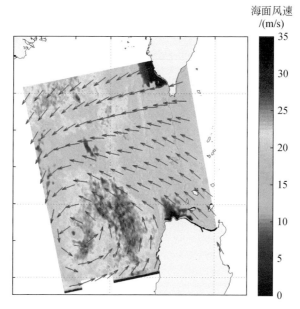

附图 3.19　2017 年第 20 号台风"卡努"GF-3 卫星 SAR 海面风场反演结果

观测中心时刻 2017 年 10 月 14 日 10：11（UTC）

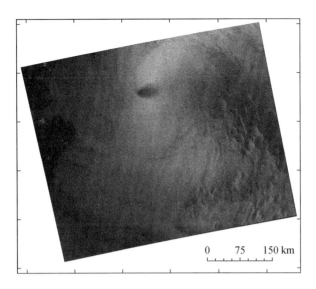

附图 3.20　2017 年第 20 号台风 "卡努" RADARSAT-2 卫星 SAR 图像
宽幅扫描成像模式，VV 极化，分辨率 100 m，覆盖范围 520 km×450 km，成像中心
时刻 2017 年 10 月 15 日 10：36（UTC），台风眼中心位置：20.59°N，112.47°E

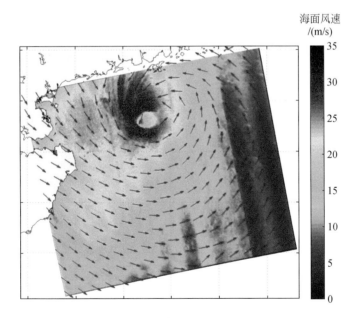

附图 3.21　2017 年第 20 号台风 "卡努" RADARSAT-2 卫星 SAR 海面风场反演结果
观测中心时刻 2017 年 10 月 15 日 10：36（UTC）